情報・通信入門

河村 一樹

大学教育出版

はじめに

　筆者が所属する商学部には、商学科、会計ファイナンス学科、情報ビジネス学科がある。学部全体としては、商い（あるいは、ビジネス）を指向することになるが、学科ごとにそれぞれ独自の専門分野（商学、会計学、情報学）を専攻する。

　このうちの会計学と情報学について、学部全体として基礎的な知識を共有することが、他大学の商学部にはない特長に結びつくというコンセプトから、「会計ファイナンス情報入門」という科目を新設することになった。これは、学部推奨（必修選択）科目として、これを1年次の前期にできるだけ履修するように指導する。授業はオムニバス形式で行われ、前半を会計ファイナンス学科の教員が、後半を情報ビジネス学科の教員が、それぞれ担当する。

　筆者は情報学の入門を担当することになり、その授業プランについて検討を行った。情報を主専攻としない他学科の学生に対して、情報学をわかりやすく解説するためにはどのようなシラバスが妥当なのだろうか。

　学部の位置づけから言っても、受講生の大半が文系であることから、数式に対して嫌悪感を示すことも考えられる。このため、数式を多用した抽象的な授業では、ほとんどの学生がついてこられないかもしれない。そこで、情報通信技術の歴史的な

発展経緯に着目し、これらを題材にして、コンピュータのハードウェア・ソフトウェア・ネットワーク・情報システムといった各テーマについて、わかりやすく説明するようなシラバスを策定することにした。

その際に、以前 NHK で放映されていた「新・電子立国」を思い出した。これは、1995〜1996年にかけて、NHK スペシャルで放送された全9回のドキュメンタリー番組である。

現在においては、内容的に多少陳腐化した感のあるものもあったが、逆にいくつかの回（「ソフトウェア帝国の逆襲」「時代を超えたパソコンソフト」「ビデオゲーム」「コンピュータ地球網」）では、コンピュータ関連の技術に関する歴史的な発展を取り上げていることで、現在までの進展経緯が歴史的事実として認識できるものもあった。しかも、その当時、実際に関わっていた（すでに、歳をとられていたが）人物にも、直接インタビューによる取材を行っているので説得力がある。

また、それだけでなく、この番組に関する書籍（参考文献に記載）が NHK 出版から6巻シリーズとして出版されていた。そこで、これらを参考にしながら、本書の内容を構成することとした。

本書の章立ては、次のようになっている。第1章は、「コンピュータハードウェアの発展経緯」ということで、コンピュータが誕生してから、現在に至るまで、どのような経緯で発展してきたのかについて、おもにハードウェアの側面から取り上げている。第2章は、「コンピュータソフトウェアの発展経

はじめに　*iii*

緯」ということで、オペレーティングシステムやアプリケーションソフトウェアおよびプログラミング言語が、どのような経緯で発展してきたのかについて取り上げる。第3章は、「コンピュータネットワークの発展経緯」ということで、インターネットおよびWWWさらにネットワークに関わる暗号ソフトウェアがどのような経緯で発展してきたのかについて取り上げる。

　ここまでは部分的に、番組の内容を網羅しているが、第4章以降は本書独自の内容としている。その理由としては、コンピュータの歴史的な発展を踏まえた上で、コンピュータそのものについてきちんと理解してもらいたいという思い入れがあるからである。

　第4章は「コンピュータの仕組み」ということで、ディジタル化、ディジタル回路、コンピュータの構成、プログラミング言語処理系、コンピュータの動作原理について取り上げている。これらによって、コンピュータが動作している時の裏側の仕組みや機構、あるいは動作原理について、数式を多用することなくできるだけわかりやすく解説したつもりである。

　第5章は「コンピュータの移り変わり」ということで、現在のコンピュータの特徴を明らかにするとともに、これからのコンピュータはどうなるのかについて取り上げた。その中で、人間とコンピュータの関わり合いがどうなるのかについても言及した。

　本書を読むことで、コンピュータについて、アレルギーな

く、かつ楽しんで理解してもらいたい。そのために、電車の中や喫茶店でも読めるようにと読み物風にしてみた。

　これからの世の中において、それぞれの人が意識しようがすまいが、コンピュータなくしては生きていけないのも確かである。このことから、コンピュータに関して、将来を見据えた上で、どのように利用していけばよいのかについて、正しい認識を持つことは重要なことである。その一助として、本書がコンピュータそのものを理解するための手引きとなれば幸いである。

2012 年 2 月

河村一樹

情報・通信入門

目　次

はじめに ………………………………………… i

第1章　コンピュータハードウェアの発展経緯 …………… 1
1・1　コンピュータの誕生　2
1・2　商用コンピュータの台頭　7
1・3　ダウンサイジングの潮流　15
1・4　パーソナルコンピュータの登場と普及　18
1・5　コンピュータシステム形態の変遷　26

第2章　コンピュータソフトウェアの発展経緯 …………… 30
2・1　オペレーティングシステムの登場と普及　31
2・2　アプリケーションソフトウェアの登場と普及　44
2・3　プログラミング言語の登場と普及　51

第3章　コンピュータネットワークの発展経緯 …………… 59
3・1　インターネットの登場と普及　59
3・2　ワールドワイドウェブの登場と普及　72
3・3　暗号ソフトウェアの開発経緯　84

第4章　コンピュータの仕組み ………………………… 93
4・1　情報の符号化　94
4・2　ディジタル回路の仕組み　110
4・3　コンピュータの構成　119
4・4　プログラミング言語処理系　138

4・5　コンピュータの動作原理　*142*

第5章　コンピュータの移り変わり …………………………… *151*

5・1　現在のコンピュータ　*152*

5・2　これからのコンピュータ　*161*

参考文献 ……………………………………………………………… *179*

第1章

コンピュータハードウェアの発展経緯

　コンピュータは、筐体部分と各装置で構成されるハードウェアと、利用目的に合った処理を行うソフトウェアから構成される。

　この章では、ハードウェアに焦点をあて、その技術的な発展経緯について取り上げる。その経緯を概観すると、当初のメインフレームコンピュータ一辺倒から、徐々にダウンサイジングの潮流が生じ、パーソナルコンピュータからモバイルコンピュータへと移行しつつあることがあげられる。また、コンピュータシステムとしての処理形態については、集中処理方式から分散処理方式へと移行し、クラウドコンピューティングという新しい利用形態も普及しつつある。

　現在の高度情報社会の中で、情報通信技術（Information and Communication Technology：ICT）はインフラとして欠かせない構成要素となっている。そのICTの情報技術（Information Technology：IT）に最も関係の深いコンピュータのハードウェアを中心に、どのような技術革新のもとで発展してきたの

1・1 コンピュータの誕生

コンピュータは、電子計算機と訳される。つまり、「電子回路を用いた汎用的な計算機」という意味である。この中の「電子回路」とは、トランジスタや抵抗器およびコンデンサといった電子素子を、電気伝導体で接続した電気回路のことである。「汎用的」とは、どんな処理でも実現できるという意味である。「計算機」は、言葉通り、計算を行う自動機械のことである。また、自動と形容したのは、計算を開始してから人間の手を介入することなく実行を続けて終了に至るという意味を含めている。

以上のような意味でのコンピュータが誕生するまでには、いろいろな基礎理論の提案や技術開発があった。ここでは、それらの中で画期的な出来事について取り上げる。

チューリング機械に関する論文発表

1936年、アラン・チューリング（Alan Mathison Turing）が「計算可能数について―決定問題への応用―」という論文を発表した。この中で、チューリング機械という仮想計算モデルを提案した。これは、図1・1にあるような構成である。

図1・1のテープは（理論上）無限に長く、ます目には情報が格納されており、その情報を読み書きするためのヘッドと、

第1章 コンピュータハードウェアの発展経緯　*3*

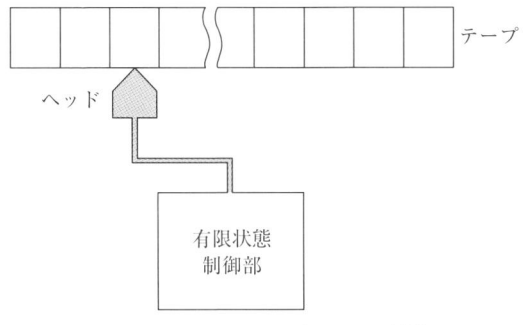

図1・1　チューリングマシンの構成

一連の動作状態を記憶している有限状態制御部がある。ヘッドから読み出した情報と、有限状態制御部にある動作状態の組合わせに応じて、次の動作（必要ならばます目への情報の書き込みと、ます目の移動）を実行する。この動作を繰り返し実行し続け、停止状態になった時点で終了するものとする。つまり、テープに情報を用意しておき、それらを処理する動作状態をあらかじめ有限状態制御部に与えておけば、一連の処理が実行され、その結果を得ることができるというモデルになっている。

　以上のチューリング機械は、現在のコンピュータの基本モデルであるといってよい。具体的には、有限状態制御部は中央処理装置に、テープはメモリに、ヘッドはメモリへの読み書き装置に、それぞれ相当する。また、有限状態制御部で扱われる動作状態は、プログラムそのものでもある。

　さらに、チューリング機械に入力する情報と動作状態は、個々に行う計算だけに限定したものとなる。そこで、チューリ

ング機械そのものの動作を模倣するための情報および動作状態を入力したものを、万能チューリング機械と呼ぶ。この万能チューリング機械こそが、現在のコンピュータの原型といえる。

ABCマシンの開発

1936年から1942年にかけて、アタナソフ(John V.Atanasoff)とベリー(Clifford.E.Berry)が電子管式計算機械ABCを試作した。この計算機械では、数表現の基数は2であるべきとしており、はじめて2進数を採択した。

我々が日常生活において扱う数は10進数であり、0から9までの基数を扱う。このため、1桁の桁上がりは0、1、…、9の次となり、上位桁を1とし当該桁を0とすることで、10（ジュウ）と表す。これに対して、2進数は0と1だけからなる基数を扱う。このため、1桁の桁上がりは0、1の次となり、10（イチゼロ）と表す。すなわち、10進数の2は、2進数の10に対応する。以上の関係を、表1・1に示す。

電子式の計算機械にとっては、2進数による計算処理が適しているといえる。なぜならば、2進数の0と1を、電流のオフとオンに対応づけることができるからである。そして、この2進数を記憶する仕組みとして、ABCマシンでは、コンデンサの電荷による記憶方式を提案した。

このように、ABCマシンは、2進数によるデータ処理、機械式ではなく電子式による計算、計算部とメモリ部の分離など

表1・1　10進数と2進数

10進数	2進数
0	0
1	1
2	10 ←桁上がり
3	11
4	100 ←桁上がり
5	101
6	110
7	111
8	1000 ←桁上がり
9	1001
桁上がり→ 10	1010
11	1011

いくつかの新しいアイデアを実装していたが、プログラムによる制御を実現できなかったことから、世界初のコンピュータとはいえなかった。

プログラム内蔵方式の提唱

1945年に、ジョン・フォン・ノイマン（John von Neumann）がプログラム内蔵方式―ストアードプログラム方式とも呼ばれる―を提案した。

これは、プログラムをメモリに格納した上でそのプログラムを実行するというアーキテクチャ（設計思想）のことである。また、そのプログラムは可変的に扱えることから、処理内容を動的に変更することもできるので、汎用的な利用が可能となった。このことから、プログラム可変内蔵方式と呼ぶこともでき

る。

ENIAC の開発

1946年に、米国ペンシルベニア大学で、モークリー（John. W. Mauchly）とエッカート（J. Presper. Eckert）が中心になって開発した ENIAC が公開された。ENIAC は、Electronic Numerical Integrator And Computer の略称であることから、電子式の数値解析計算機のことである。

この計算機は、もともとは軍からの依頼により、弾道計算のために開発された。具体的には、砲の長さや角度、弾丸の重量や形状、風向き、風速、温度、湿度などのさまざまなパラメータの値により弾道計算を行い、その計算結果を射撃表として作成する必要があった。それまでは、歯車式の計算機を使って人海戦術で対応していたが、この計算工程を自動化しようという

写真 1・1　ENIAC
出典：フリー百科事典『ウィキペディア（Wikipedia）』

ねらいがあった。

写真にあるように、筐体(きょうたい)全体は幅が24m、奥行きが1m弱、高さが2m半という大きさであり、総重量は30tに及ぶ巨大な装置であった。筐体の中には、真空管が約1万8,000個、抵抗器が約7万個、コンデンサが約1万個それぞれ格納されており、その消費電力は140kwに及んだ。

ENIACが扱うプログラムについては、メモリに記憶されるのではなく、配線の付け替えとスイッチの切り替えによって逐一外部から与えるという方式を採用していた。したがって、ENIACはプログラム内蔵方式とはいえなかった。

1949年には、ウィルクス（Maulice Wilkes）と英国ケンブリッジ大学の数学研究所チームが、世界初のプログラム内蔵方式による電子計算機として、EDSAC（Electronic Delay Storage Automatic Calculator）を開発した。これは、電子式、2進数によるデータ処理、実用的なプログラム内蔵方式といった特徴を兼ね備えていた。このためEDSACが、今日、コンピュータと呼ばれる計算機の原型といえる。

1・2　商用コンピュータの台頭

1940年代の後半に登場してきたコンピュータは、1950年代に入って商用向けに製品化されることになった。これによって、それまでのコンピュータの利用が、軍事目的あるいは学術目的だけから、社会活動に役立つさまざまな商用目的へと広が

りを見せることとなった。そしてまたこのことが、コンピュータ製品の普及に拍車をかけ、多くの組織（官公庁、学校、民間企業など）で導入されるに至った。

コンピュータメーカーの誕生

　1951年に、米国のレミントンランド（Remington Rand）社が、世界初の商用コンピュータであるUNIVACⅠ（UNIVersal Automatic ComputerⅠ）を開発した。これは、5,000本強の真空管、1万本のダイオード、100本の水銀遅延管などから構成されており、入出力装置には磁気テープが使われた。1955年にはスペリー社と合併してスペリーランド社（後にスペリー社）に、1986年にはバロース社に吸収合併されてユニシス社となった。

　1952年には、米国IBM社が、商用コンピュータIBM701を開発した。IBMは、もともとパンチカードによるデータ処理機器を開発・販売していたCTR（The Computing-Tabulating-Recording Company）社から発展した企業である。1917年にはInternational Business Machine Co.Limitedに、1924年には現在のIBM（International Business Machine Corporation）に社名を変更した。その後、IBM社は、次から次へと商用コンピュータを開発・販売することで、米国における主要なコンピュータメーカーに成長することとなった。

　これら以外にも、商用コンピュータを開発・販売するメーカーが登場してくる。具体的には、バロース（Burroughs）、

ハネウェル (Honeywell)、CDC (Control Data Corporation)、NCR (National Cash Register Company)、RCA (Radio Corporation of America)、GE (General Electric)、SDS (Scientific Data Systems) などがあげられる。これらの中の数社については、メインフレームコンピュータの製造を進めたことでIBM社と競合することになり、BUNCH(バンチ) (Burroughs・Univac・NCR・CDC・Honeywell) メーカーと呼ばれるようになった。

メインフレームコンピュータの世代

　メインフレームコンピュータは、組織における基幹業務に利用される規模の大きなコンピュータのことであり、大型コンピュータとか汎用コンピュータとも呼ばれる。このメインフレームコンピュータの発展経緯について、使用する論理素子の種類によって、世代別に分けることができる。それをまとめると、表1・2のようになる。

　真空管を実装したコンピュータを、第1世代コンピュータと呼ぶ。真空管は、ガラスの筐体内に複数の電極を配し、その

表1・2　メインフレームコンピュータの世代

世代名称	年　代	論理素子	代表的な製品
第1世代	1950年代	真空管	UNIVAC I, IBM701
第2世代	1960年代中頃まで	トランジスタ	IBM1401
第3世代	1970年代中頃まで	IC	IBMSystem/360, バロース B5000
第3.5世代	1970年代末まで	LSI	IBMSystem/370
第4世代	1990年代末まで	VLSI	IBM4381, IBM3081K

内部を真空（あるいは、低圧）の状態にして、微量の希薄なガスや水銀を入れた電子回路用の素子である。真空管によって電子回路が実装できるようになったが、消費電力が大きいため発熱する、故障しやすく寿命が短い、筐体そのものを小型化できないといった問題があった。

そこで、これらの問題を解決するためにトランジスタが開発され、トランジスタを実装したコンピュータを、第2世代コンピュータと呼ぶ。トランジスタは、増幅作用やスイッチング作用を伴う半導体素子であり、バイポーラトランジスタ（NPN型、PNP型）やユニポーラトランジスタなどいろいろな種類のものがある。IBM1401は、1959年に開発・販売されたビジネスコンピュータであり、2万台以上も製造されたヒット製品となった。

シリコン板の上に、トランジスタや抵抗といった素子や、コンデンザやコイルといった単体部品をいくつも集積したものを、集積回路（Integrated Circuit：IC）と呼ぶ。ICを実装したコンピュータを、第3世代コンピュータと呼ぶ。この世代を代表するコンピュータが、IBM社のシステム360シリーズである。これによって、IBM社はメインフレーム市場をほぼ独占することとなった。

1964年に発表されたシステム360は、メインフレームコンピュータのシリーズである。シリーズとは、小型から中型そして大型までラインナップをそろえ、どのコンピュータでも命令セットが動作するようにした製品という意味である。これに

第1章 コンピュータハードウェアの発展経緯　11

写真1・2　IBMシステム360
出典：フリー百科事典『ウィキペディア
　　　（Wikipedia）』

よって、顧客は自分の環境に合わせて機種を導入できるとともに、プログラムの変更なしで上位機種にアップグレードすることが可能になった。また、製品名の360には、360度という意味が含まれており、事務処理計算から科学技術計算まで汎用的な利用が可能であることを示していた。基本ソフトウェアであるオペレーティングシステムには、OS/360を搭載しており、世界初の商用OSとなった。

　初期のICはごく少数のトランジスタを集積しただけだったが、その後の技術革新により、集積度がアップした大集積回路

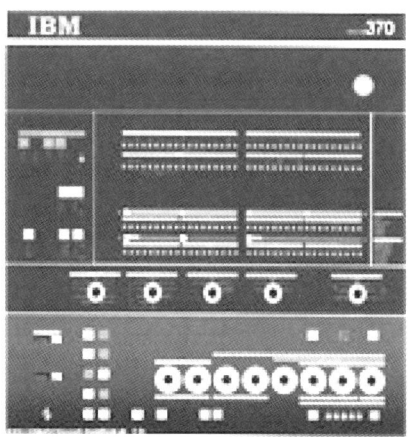

写真1・3 IBMシステム370
出典:フリー百科事典『ウィキペディア(Wikipedia)』

(Large Scale Intergration:LSI) が開発された。LSIを実装したコンピュータを、第3.5世代コンピュータと呼ぶ。これには、システム360からの互換性を維持した後継機種であるシステム370シリーズがあげられる。

1970年に発表されたシステム370は、メインフレームコンピュータの完成版といえる機種となった。具体的には、互換性があることからシステム360で使用していたプログラムやデータを改変することなくそのまま使えること、仮想記憶(より多くのメモリ領域が使える)を実装していたこと、仮想計算機(1台のコンピュータに複数の仮想コンピュータを稼働することができる)であること、などの特徴を兼ね備えていた。

また、IBM社は、1969年以降、ハードウェアとソフトウェ

アの価格分離を行うアンバンドリング策を講じた。それまでは、基本ソフトウェアや言語処理系のソフトウェア（たとえば、コンパイラなど）は、ハードウェアの付属製品とみなしており、無償（包括的レンタル価格方式）であった。しかし、アンバンドリング策によって、ソフトウェアにも価格が設定されて有償化されることになった。これによって、ソフトウェアの開発・販売だけでも商売が可能となり、ソフトウェア産業が繁栄するきっかけとなった。

その後、IC の集積度が飛躍的に向上し 1,000 万個程度までに達した超大規模集積回路（Very LSI：VLSI）が開発された。VLSI を実装したコンピュータを、第 4 世代コンピュータと呼ぶ。これには、IBM 社が 1970 年に発表したシステム 4300 シリーズ（中・小型機種）やシステム 3081K（大型機種）があげられる。こうして、IBM 社はコンピュータメーカーとして不動の地位を築きあげた。

これに対して、国産のコンピュータメーカーも徐々に力をつけつつあったが、IBM システム 370 の台頭により、国内のメインフレームコンピュータ市場が IBM 社に占有されかねない事態になった。このことを憂慮した通産省の指導のもとで、大手国産 6 社を再編し、新たに対抗機種を開発させるという政策を実施した。

これによって、日立製作所と富士通による M シリーズ、日本電気と東芝による ACOS シリーズ、沖電気工業と三菱電機による COSMO シリーズといった新シリーズが開発・販売さ

れた。いずれもIBM社互換機であることから、IBM社の顧客をそのまま自社に囲い込むことをねらったわけである。この中でも、Mシリーズは、同じ機能レベルでの利用形態を、IBM社製品よりも安く実現できたことから、急速にそのシェアを伸ばすことになった。

しかし、このことが新たな問題を引き起こした。それが、1982年に発覚したIBM産業スパイ事件であった。IBM社としては、自社で多額の資金をかけて開発した技術を、日本のメーカーが数カ月後に自分の製品に実装していることに対して疑惑を抱き、FBIにおとり捜査を依頼したわけである。その結果、日立製作所と三菱電機の社員が逮捕された。容疑は、IBM社の機密情報を不正に入手したことによる産業スパイ行為であった。

その後、IBM社と日立製作所は和解することになるが、日立製作所はIBM社に対して巨額の和解金とライセンス料を支払うことになり、さらに5年間IBM社の監視を受けることになった。また、富士通もIBM社に対して、指定されたプログラムに対するライセンス料の支払いに応じることになった。

このような経緯で、東芝、沖電気工業、三菱電機は、いずれもメインフレーム市場から撤退するとともに、日立製作所はIBM互換路線を、富士通はIBM対決路線を、日本電気は独自路線をそれぞれ歩むこととなった。

以上が、第1世代から第4世代までのコンピュータの変遷であるが、この後に第5世代と呼ばれるコンピュータが

登場した。それは、通産省が設置した財団法人新世代コンピュータ開発機構（Institute for New Generation Computer Technology：ICOT）による国家プロジェクトにおいて、1982年から10年の間に、これまでの技術の延長ではなく、まったく新しい分野（具体的には、人工知能分野）での技術を実装した第5世代コンピュータを開発しようという試みである。その結果、PSI（Personal Sequential Inference machine）やPIM（Parallel Inference Machine）といったマシン、それぞれに対応するオペレーティングシステム（SIMPOSやPIMOS）、PSIのシステム記述言語ESPや並列言語KL1などが開発された。ただし、これらの成果は、一般向け市場での実用性がほとんどなかったことから、産業界に受け入れられることもなく終了した。

1・3 ダウンサイジングの潮流

1990年代に入ると、ダウンサイジングの流れが生じたことにより、メインフレームコンピュータの市場は一気に衰退していくことになる。

一般的に、ダウンサイジングとは、高密度化や小型化あるいは軽薄化といった技術革新によって、より性能の高い製品に移行することを意味している。コンピュータのダウンサイジングとは、それまでのメインフレームコンピュータから、よりサイズの小さなコンピュータに移行することである。

メインフレームコンピュータは、汎用的な利用ができることが特徴であるが、そのためにある程度の広さの設置場所が必要となるとともに、初期購入費だけでなく維持費もかさみ、専門のオペレータによる運用や管理が必要であった。そこで、こういった問題を回避するために、メインフレームコンピュータよりもサイズの小さいコンピュータがそれぞれ開発された。具体的には、ミニコンピュータやオフィスコンピュータそしてワークステーション（これらは、現在、サーバーコンピュータに包含されている）、および、次節で取り上げるパーソナルコンピュータや携帯情報端末などである。

ミニコンピュータ

ミニコンピュータは、研究室などの比較的小規模な環境で使用できる小型のコンピュータである。これには、1960年代から販売されていたDEC社のPDP（Programmed Data Processor）シリーズがある。その中のPDP-11は、1970年代から1980年代にかけて、16ビットミニコンピュータとして開発・販売された。

オフィスコンピュータ

オフィスコンピュータは、ミニコンピュータと同程度の筐体と性能を持つコンピュータである。日本では、ミニコンピュータがおもに科学技術計算に使われたのに対して、オフィスコンピュータは事務処理計算を想定していたのでオフィスと名がつ

写真1・4　PDP-11
出典：フリー百科事典『ウィキペディア
　　　（Wikipedia）』

けられた。これには、富士通のFACOMKシリーズ、日本電気のN5200シリーズ、三菱電機のMELCOM80シリーズなどがある。1970年代には、企業での各業務処理用に幅広く使われるようになり、オフコンという言葉が定着した。

ワークステーション

　1990年代には、より限定された専門分野での利用を想定したコンピュータとして、ワークステーションが登場してきた。具体的には、科学技術計算、図版処理（CAD/CAM）、グラフィックデザイン、プロダクトデザインなど、それぞれの分野に特化した処理を専門に行う高性能なエンジニアリングワー

クステーション（Engineering WorkStation：EWS）や、事務計算や組版などの分野に特化した処理を専門に行うオフィスワークステーションがあげられる。

1・4　パーソナルコンピュータの登場と普及

　それまでのコンピュータは、いずれも組織での利用が前提となっていた。これに対して、個人の利用を想定した机上型の汎用コンピュータが登場してきた。個人の利用という意味から、パーソナルコンピュータ（以降、パソコンと略す）と呼ばれるようになった。

4ビットマイクロプロセッサ

　マイクロプロセッサとは、プロセッサを集積回路で実装したチップのことである。また、ビットとは、2進数1桁（0か1）のことである。つまり、4ビットマイクロプロセッサは、連続した4桁のビットを扱うことができるチップである。

　最初に開発されたものは、インテル社のi4004であった。当初は、日本の電卓製造会社であったビジコン社が、電卓の小型化を目指し、その演算装置として搭載するためにインテル社に開発を委託した。その結果、インテル社はチップの販売権を取得し、1971年に製品名i4004として出荷を開始した。その演算能力（1秒間あたりのクロック周波数）は、500〜700kHz（キロヘルツ）程度であった。また、1974年には、i4004の改

良版として i4040 を販売した。

8ビットマイクロプロセッサ

マイクロプロセッサの演算能力は、扱うビット数が多いほど向上する。1972年には、4ビットから8ビットに拡張したマイクロプロセッサとして、インテル社から i8008 が発表された。8ビットの演算ができることから、メモリ空間が増えて計算能力も向上した。1973年には、フランスで、i8008 を搭載した世界初の商用マイクロコンピュータ Micral が発表された。

1974年には、i8008 の後継製品（ただし、命令の互換性はなし）として、i8080 が発表された。なお、インテル社以外の8ビットマイクロプロセッサとして、ザイログ社の Z80、モトローラ社の MC6800 なども販売された。

同年に、米国の MITS 社が、i8080 を搭載した Altair8800 というコンピュータキットを開発・販売した。ただしこれは、キーボードもディスプレイもなく、前面パネルにあるスイッチを操作することで、その結果を LED ランプの点滅で表示させるという原始的なものであった。しかし、個人で購入できる価格であったことから、個人向けのコンピュータといわれるようになった。当初はコンピュータキットとして販売されたが、テレタイプやビデオターミナルの接続ができるようになったこと、プログラミング言語である BASIC が使えるようになったことから、パソコンという言葉を生み出すきっかけとなった。

1977年には、アップル社の Apple II、コモドール社の

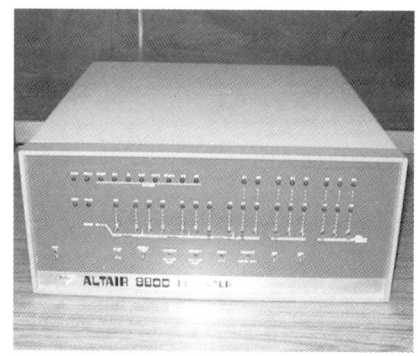

写真1・5 Altair8800
出典：フリー百科事典『ウィキペディア（Wikipedia）』

PET2001、タンディ・ラジオシャック社の TRS-80 といった、ディスプレイや記憶装置と本体が一体化したデスクトップパソコンと呼ばれる製品がそれぞれ出荷された。これらは、いずれも BASIC のインタプリタを内蔵しており、利用者個人が BASIC 言語でプログラミングできるようになっていた。このため、一気にパソコンの普及が広がることとなった。

この中のアップル社は、1976 年に米国で設立されたパソコンメーカーである。最初の製品は、パソコン愛好者のために作った Apple I であった。1977 年には、その後継機種として Apple II を発表した。これは、中央処理装置、メモリ、キーボード、表示装置、インタフェース、プログラミング言語などを1つのパッケージとして一体化しており、現在のパソコンの原型ともいえる製品であった。後に、Apple II が商業的に大成功をおさめたことが、それまでのメインフレームコンピュー

写真1・6 Apple Ⅱ
出典：フリー百科事典『ウィキペディア
（Wikipedia）』

タ一辺倒だったIBM社に、パソコン市場に参入するきっかけを与えることとなった。

　わが国では、8ビットマイクロプロセッサを搭載したワンボードマイコンとして、日本電気のTK-80や日立製作所のH68/TR6800などが登場した。その後、TK-80はPC-8001へ、H68/TR6800はベーシックマスター MB-6880へとそれぞれ継承された。1978年に販売された日立製作所のベーシックマスターは、日本初のパソコンとなった。また、日本電気のPC-8001は、Z80-A互換のマイクロプロセッサを搭載し、商標名のPCは「パーソナルコンピュータ」（後に、「パソコン」に改称）を表し、パソコン普及の原動力となった。

16ビットマイクロプロセッサ

1978年には、8ビットから16ビットに拡張したマイクロプロセッサとして、インテル社からi8086が発表された。その演算能力は、5〜10MHz（メガヘルツ）程度であった。その後、i8088、i80186、i80286（演算能力は、6〜25MHz程度）を出荷し、下位互換を保持した製品群により、インテル社はマイクロプロセッサ市場を独占する勢いを生み出した。一方、ライバル関係にあったモトローラ社は、MC68000（同、4〜17 MHz程度）を発表した。

1981年に、IBM社の最初のパソコンであるIBM PC（正式名称は、IBM Personal Computer 5150）が発表された。IBM社にとっては、メインフレーム以外の技術を採用する必要があったが、自社ではまかなえきれないと判断した。そこで、他社からの技術調達を行った結果、マイクロプロセッサ

写真1・7　IBM PC
出典：フリー百科事典『ウィキペディア（Wikipedia）』

はインテル社の i8088 を、オペレーティングシステムはマイクロソフト社の MS-DOS（ただし、OEM 版として提供された）を、ROM（Read Only Memory）にはマイクロソフト社の BASIC を、それぞれ搭載した製品となった。ちなみに、IBM の自社製品は、キーボードだけであった。それでも、あの天下の IBM 社が販売したパソコンであったこと、表計算ソフトである Lotus1-2-3 が動作することでビジネスでの利用に効力を発揮したことなどから急速に普及した。

1984 年には、IBM PC の後継機種として、IBM PC/AT（正式名称は、IBM The Personal Computer for Advanced Technologies 5170）を発表した。マイクロプロセッサはインテル社の i80286 を、オペレーティングシステムはマイクロソフト社の MS-DOS を、それぞれ搭載した。また、内部仕様をオープンアーキテクチャとして公開したことから、他社から多くの PC/AT 互換機が販売されることとなった。

同年に、アップル社から Macintosh が販売されると、その斬新でグラフィカルなインタフェースが注目を集めた。これによって、それまでの CUI（Character User Interface）から GUI（Graphical User Interface）へと、パソコンの操作環境が変貌することとなった。

わが国では、日本語仕様が各社各様であったことから、メーカーごとに独自のパソコンを開発していた。1982 年には、日本電気が PC-9801 を発表した。これは、マイクロプロセッサとしてインテル社の i8086 と互換性のある micro-PD8086

写真1・8　日本電気 PC-9801
出典：情報処理学会「コンピュータ博物館」

を、また日本語表示のための漢字テキスト VRAM を、さらに ROM には N88-BASIC (86) を、それぞれ搭載した製品であった。その後、製品群のラインナップが充実し、PC-9800 シリーズとしてトップシェアを誇った。

32 ビットマイクロプロセッサ

1985 年には、16 ビットから 32 ビットに拡張したマイクロプロセッサとして、インテル社から、i80386（製品名は、Intel386™ Processor）が発表された。その演算能力は、12 〜 40MHz 程度であった。1989 年には、i80386 の後継製品として、i80486（製品名は、Intel486™ Processor）を発表した。その演算能力は、16 〜 100MHz 程度であった。1993 年から

は、Pentium というブランド名をつけたマイクロプロセッサ群（Pro、Ⅱ、Ⅲ、Ⅳ、M）を発表した。その演算能力は60〜300MHz 程度であった。

1990年代になると、世界標準ともいえる PC/AT 互換機が主流になった。その背景には、オペレーティングシステムである DOS/V や Windows が登場してきたことがあげられる。このため、それまで市場をほぼ独占していた日本電気も、独自路線を続けることができなくなり、PC/AT 互換機である PC98-NX シリーズへの方針転換を余儀なくさせられることとなった。こうして、わが国独自のパソコンは、終わりを迎えることになった。

モバイルコンピュータへの移行

当初のパソコンは、デスクトップ型やタワー型といった筐体が主流であり、大きさも卓上サイズであった。その後、軽量・小型化が図られ、ラップトップ型、ノート型、パームトップ型といったパソコンも開発・販売されるようになった。

一方、ノートパソコンよりも機能は限定されるが、より携帯性に優れたモバイルコンピュータとして、携帯情報端末がある。これは、PDA（Personal Digital Assistant/Data Assistance）とも呼ばれる。

PDA の筐体は手のひらサイズであり、手で軽々と持つことができて、ポケットに入れたり、首から紐でぶら下げることもできる程度の重さである。画面は液晶のカラーディスプレイで

あり、テンキーによるキーボード入力方式か、タッチペンや指先による入力方式を採用した。電源は内蔵バッテリーであり、充電も簡単にできて持続時間も徐々に長くなりつつある。パソコンとのインタフェースとして、シリアル接続、IrDA接続、USB接続などが用意されている。また、BluetoothやWi-Fiによる無線接続ができる機種も登場している。

なお、PDAから派生したスマートフォンには、アップル社のiPhoneシリーズ、マイクロソフト社のWindows Mobile/Phone 7、NTTドコモ社のドコモスマートフォンなどがある。さらに、今後も新製品が続々と登場する予定であり、モバイルコンピューティング に移行する可能性も高いといえる。

1・5　コンピュータシステム形態の変遷

通常、コンピュータは、単体で動かすというよりも、いろいろな周辺機器装置を接続するとともに、ネットワークを経由して他の各種コンピュータとも接続することでシステム全体として動かすことを前提としている。ここでは、コンピュータシステムの処理形態の変遷について概観する。

集中処理システム

メインフレームコンピュータが全盛の頃は、バッチ処理システムが中心であった。これは、ジョブごとに一括して処理を実行する方式であり、ジョブ制御言語（Job Control Language：

JCL) を用いて実行するプログラムや使用するファイルを指定した。ジョブの依頼は 80 桁のパンチカードに JCL を穿孔したものをオペレータがいるコンピュータ室に預け、ある一定の時間 (Turn Around Time：TAT) が経過すると、結果が印刷された用紙が戻るという形であった。このため、コンピュータ利用者は、コンピュータに直接触ることなく、完全なクローズ体制であった。

その後、メインフレームコンピュータと複数のダム端末 (本体には中央処理装置がない専用端末) を専用回線で接続したタイムシェアリングシステム (Time Sharing System：TSS) が登場してきた。これは、各ダム端末が、メインフレームコンピュータの中央処理装置を時分割しながら利用する形態であった。このため、多くの計算センターで、複数のプログラマがプログラム開発を行うための環境として利用された。

また、メインフレームコンピュータを中心とした大規模なトランザクション (分割することができない一連の情報処理の単位のこと) 処理およびデータベース管理システムを組み合わせたオンラインリアルタイムシステムが開発されるようになった。これには、銀行のオンラインシステムや国鉄時代のマルス (Multi Access seat Reservation System：MARS) などがあげられる。

以上の形態は、いずれもコンピュータ室にあるメインフレームコンピュータの中央処理装置だけを使うという処理形態であることから、集中処理システムと呼ばれた。

分散処理システム

1970年代に入ると、コンピュータネットワークの技術規格の一つであるイーサネットがLAN（Local Area Network）に適用されるようになり、ネットワークシステムが普及した。

その一つに、クライアントサーバシステム（Client-Server System：CSS）があげられる。これは、サーバコンピュータとクライアントコンピュータを、LANを経由して相互に接続したネットワークシステムである。もともと、クライアントはサービスを依頼する顧客であり、サーバはサービスを提供する奉仕人をそれぞれ意味している。

代表的なサーバコンピュータには、メールサーバ、Webサーバ、FTP（File Transfer Protocol）サーバ、DNS（Domain Name System）サーバ、ファイルサーバ、データベースサーバ、トランザクションサーバ、プリンタサーバなどがある。

一方、クライアントコンピュータは、何らかのサービスを依頼し、その結果を受け取る機能を持った汎用的な端末装置（通常はパソコン）である。これには、ファットクライアントやシンクライアントと呼ばれるコンピュータもある。用語的には対比の関係にあり、ファットクライアントではサーバとは独立して豊富な機能（fat）を提供するのに対して、シンクライアントはほとんどの処理をサーバで実行することで、必要最小限の機能（thin）しか持たない。

クラウドコンピューティング

1988年に米国で商用インターネットサービスが開始された。これにともない、1990年代に入ると、個人でのインターネット利用も普及するようになった。それに合わせて、インターネットを基盤としたコンピュータの利用形態として、クラウドコンピューティング というサービスが始まった。

雲という意味のクラウド（cloud）は、インターネットそのものを表しており、利用者からみるとインターネットの向こう側からさまざまなサービスが提供され、それに対する利用料金を支払うといったサービス形態である。このため、利用者はインターネットに接続するための装置（パソコンやPDA）を用意し、そこでブラウザを動かすことで各種サービスを受けることができる。使用するファイルやデータもすべてサービスを提供するプロバイダの資源に置いておけばよく、それらが物理的にどこにあるかなどについて利用者は気にしなくてよい。必要なときに、いつでもどこからでも、自分の情報を取り出すことができる仕組みが提供されていることになる。

第2章
コンピュータソフトウェアの発展経緯

　第1章ではコンピュータのハードウェアについて取り上げたが、この章ではソフトウェアに焦点をあて、その発展経緯について取り上げる。その経緯を概観すると、基本ソフトウェアであるオペレーティングシステムの登場から始まり、プログラミング言語による利用、そして、アプリケーションソフトウェアの一般的な利用へと変容してきている。このことは、当初は専門家しか使いこなせなかったコンピュータに対して、利用者指向のインタフェースや使いやすいソフトウェアを実装することで、非専門家でもコンピュータを使える時代になったということを意味している。

　「コンピュータ、ソフトがなければただの箱」という川柳があるが、コンピュータの利用においては、ソフトウェアの良し悪しが鍵を握っているといってよい。つまり、利用者にとって、ソフトウェアが使いやすいこと、操作性がすぐれていること、直感的に把握できることなどがキーポイントとなる。オブジェクト指向は、まさにこの意向を捉えたパラダイムと技術を

実現したものといえる。

ここでは、基本ソフトウェアとしてオペレーティングシステムを、応用ソフトウェアとしてアプリケーションソフトウェアを、そして、ソフトウェアを作成するために必要となるプログラミング言語について取り上げる。

2・1 オペレーティングシステムの登場と普及

オペレーティングシステムは、基本ソフトウェアと位置づけられる。基本、つまり、中核となる役割を担うソフトウェアであり、基本ソフトウェアがないとコンピュータは動作できないわけである。ここでは、オペレーティングシステムがどのような経緯で誕生し、その後どのように発展してきたのかについて取り上げる。

黎明期

コンピュータの黎明期には、オペレーティングシステムと呼ばれる体系化されたソフトウェアは存在していなかった。プログラミング言語も機械語しかなく、すべての指示命令を2進数でプログラミングするしかなく、職人芸プログラマ以外にとっては敷居の高いプログラミング言語であった。

プログラム中の入出力装置に対する動作については、各プログラムでそれぞれ指示しなければならず、煩雑であった。そこで、入出力制御システム（Input/Output Control System：

IOCS）が開発された。

　これと同じように、プログラムを実行するためには、補助記憶装置に格納したプログラムを、主記憶装置の適切な番地に割り当てるプログラムローダが開発された。また、規模の大きなプログラムを作成する際には、複数のプログラムに分割した上で、連携編集して一つのプログラムにまとめるといった処置が必要となる。これについては、リンケージエディタというプログラムが開発された。さらには、主記憶装置の中身をわかりやすく表示するためのダンププログラムも開発された。これらは、いずれもプログラマが共通に使えるプログラムという役割を担っていた。

　このように、その当時主流であったメインフレームコンピュータにおいて、共通に使うプログラムがいろいろと開発されてきたことから、それらを体系的に統合する方策が求められるようになった。その結果、オペレーティングシステムという基本ソフトウェアが誕生することとなった。おりしもIBM社がアンバンドリング策を施行したことで、商用のオペレーティングシステムが販売されるようになった。

メインフレームコンピュータのオペレーティングシステム

　代表的なオペレーティングシステムには、IBM社のシステム360シリーズに搭載された世界初の商用オペレーティングシステムであるOS/360（正式名称は、IBM System/360 Operating System）があげられる。

OS/360は、バッチ処理方式、マルチプログラミング、磁気ディスク装置、EBCDIC（Extended Binary Coded Decimal Interchange Code）文字コードといった点に特徴がある。

バッチ処理方式とは、ジョブごとに一括して処理を実行する方式のことである。

マルチプログラミングとは、一つの中央処理装置の実行プロセスを、複数の分割したプログラムに割り振ることである。これによって、中央処理装置全体として処理効率が向上する。

磁気ディスクとは、磁性体を付着させたディスク盤を内蔵した補助記憶装置である。アクセス時間も早く、記憶容量も大きかったことから、メインフレームコンピュータに適した装置であった。

文字コードとは、コンピュータ内部における情報の符号化のことである。国ごとに文字コードが開発される（米国ではASCII、わが国ではJISなど）一方で、国際的な標準規格も制定されている。その中のEBDICは、IBM社が独自に開発した文字コードである。

また、OS/360自体はアセンブリ言語で記述されたが、ソースコードの量が膨大であったことから開発が難航した。その経験をもとに、フレデリック・ブルックス（Frederick P. Brooks）が『人月の神話』を著したことは有名である。

この頃から、メインフレームコンピュータのオペレーティングシステムとして備えるべき技術要素が、体系的にまとめられるようになった。具体的には、入出力制御システム以外に、

ジョブ管理、タスク管理、メモリ管理、ファイル管理、オペレーション管理などがあげられる。

ジョブ管理は、ジョブという仕事の単位に対して、必要となる資源の確保、処理の実行、資源の解放などを管理する仕組みである。タスク管理は、中央処理装置を割り当てる単位であるタスクに対して、その生成、消去、同期、相互連絡といったプロセスを管理する仕組みである。メモリ管理は、タスクに対して主記憶装置の領域を適切に割り当てたり、解放するという動作を管理する仕組みである。ファイル管理とは、補助記憶装置における領域の確保や解放を管理する仕組みである。オペレーション管理とは、オペレータの操作を管理する仕組みである。

その後、仮想記憶方式（メモリ空間を仮想的に拡張して管理する方式）や仮想計算機（仮想上のコンピュータシステムで、1台のコンピュータを複数のコンピュータのように利用できる技術）といった新しい技術が次々と開発され、OS/360の後継として出荷されたSystem/370にも実装された。これらの技術は、現在のIBM社のメインフレームコンピュータ用オペレーティングシステムであるz/OSにも継承されている。

以上のようなオペレーティングシステムの技術革新は、コンピュータシステム全体の安全性の向上および安定した稼働を目指した結果といえる。それらを総称して、RASISと呼ぶ（図2・1）。

この中の信頼性には、平均故障間隔（Mean Time Between Failure：MTBF）という尺度値があり、その値が大きいほ

- R eliability（信頼性）　→MTBF
- A vailability（可用性）　→MTTR
- S erviceability（保守容易性）
- I ntegrity（保全性）
- S ecurity（安全性）

図2・1　RASIS

ど信頼性が高い。また、可用性には、平均修理時間（Mean Time To Repair：MTTR）という尺度値があり、値が小さいほど可用性が高い。これらから、可用性の指標である稼働率は、MTBF/（MTBF＋MTTR）で算出することができる。

専用コンピュータのオペレーティングシステム

第1章で取り上げたように、メインフレームコンピュータ以外のコンピュータも開発されるようになり、ミニコンピュータやワークステーションと呼ばれる専用コンピュータが登場してきた。それらに搭載されたオペレーティングシステムとして、UNIXがある。

1969年に、米国のAT&Tのベル研究所において、トンプソン（Ken Thompson）とリッチー（Dennis Ritchie）らによって開発が始まった。当時、オペレーティングシステムのプログラミングにはアセンブリ言語が使われていたが、UNIXでははじめて高級言語が用いられた。

1970年に、トンプソンは、Algol60の系統であったCPL（Combined Programming Language）をより単純にしたBCPL（Basic CPL）を作成した。そのBCPLの言語仕様をよりコンパクトにまとめたB言語を、さらにはB言語にデータ構造の概念を取り込んだC言語を開発するに至った。そして、DEC社のPDP-11用オペレーティングシステムとして、C言語でUNIXを記述した。このため、C言語はシステム記述言語とも呼ばれている。

UNIXは、移植性を重視したためオープンシステム化を図るとともに、マルチタスクやマルチユーザを採用した斬新なオペレーティングシステムであった。それだけでなく、独自の機能を数多く実装していた。

当初、AT&Tには独占禁止法が適用されており、UNIXの販売ができないことから自由にソースコードを配布した。このため、多くの大学、企業、公共機関に普及した。その後、AT&Tが正式に製品としてサポートするようになったUNIX System V版、カリフォルニア大学バークレイ校で独自の改良が行われたBSD（Berkeley Software Distribution）版などに分派しながら開発が進められた。

UNIXは、マルチユーザでマルチタスクのオペレーティングシステムである。マルチユーザとは、一つのシステムを複数のユーザが同時に使えることである。このため、ユーザ管理の機能を備えている。ユーザ管理とは、ユーザIDとパスワードによりユーザの認証を行うこと、ファイルのアクセス権をユーザ

ごとに設定することである。アクセス権については、通常個々のユーザには参照可能なファイルやアクセス権が限定されるが、特定のシステム管理者にはスーパーユーザという権限が付与され、すべてのファイルに対する参照権限を持つことができる。

　UNIXで中核となる重要な部分をカーネルと呼ぶ。カーネルは、プロセスの実行制御やメモリ管理を行うとともに、ファイルシステムやプログラムローダなどの実行をつかさどる。また、ユーザが入力したコマンドを解釈して該当するプログラムを呼び出す役割は、シェルが担う。コマンドとは、オペレーティングシステムに対して各種の指示を与える命令のことである。これらのコマンドを複数関連づけてプログラムとして作成したものを、シェルスクリプトと呼ぶ。これによって、各処理を定型化することができる。なお、こういったコマンドベースの操作だけでなく、ウィンドウベースの操作環境を提供するために、X Windows Systemも開発された。

　その後、オープンソース（ソースコードを公開するという意味であるが、正確にはオープンソース・ライセンスの要件としてThe Open Source Definitionを満たすこと）系のUNIXとして、リーナス・トーバルズ（Linus Benedict Torvalds）が開発したLinuxや、BSD版系のFreeBSD、NetBSD、OpenBSDなども開発された。

パソコンのオペレーティングシステム

　マイクロプロセッサが登場したばかりの頃は、オペレーティングシステムと呼ぶような基本ソフトウェアはなかった。その後、8ビットマイクロプロセッサであるi8080が製品化された。それに合わせて、1976年に、米国のディジタル・リサーチ社のゲイリー・キルドール（Gary Kildall）が、i8080用のオペレーティングシステムとして、CP/M（Control Program for Microcomputer）を開発・販売した。これが、最初のパソコン用オペレーティングシステムとなった。その後、16ビットマイクロプロセッサi8086用のオペレーティングシステムとして、CP/M-86を開発したが、マイクロソフト社との市場争いに敗れ、普及せずに終わった。

　その結果、パソコンのオペレーティングシステムには、MS-Windows、Mac OS、PC-UNIXが普及して現在に至っている。この中のPC-UNIXは、パソコンで動作するUNIX互換のオペレーティングシステムであり、フリーソフトウェアとして提供されている。

マイクロソフト社のオペレーティングシステム

　1975年、米国でマイクロソフト社が、ポール・アレン（Paail Gardner Allen）とビル・ゲイツ（Bill Gates）らによって設立された。当初は、コンピュータキットAltairで動作するBASICインタプリタ（プログラミング言語であるBASICを翻訳実行するためのプログラムのこと）を開発して成功した。

その際に、ゲイツらは、自分たちが開発した BASIC インタプリタの版権を MITS 社に譲渡することなく、ライセンス契約を行ったことで膨大な利益を得ることとなった。

インテル社が 16 ビットマイクロプロセッサを開発すると、IBM 社も独自のパソコン開発に着手した。その際に、採用するオペレーティングシステムをどうするかという問題が生じた。上層部の命令により開発期間が短いだけでなく、パソコン用オペレーティングシステムの開発経験がないことから、自社での製品化を断念し、他社のオペレーティングシステムを搭載することになった。そこで、ディジタルリサーチ社の CP/M-86 に目をつけて、キルドールに打診に行くが、本人不在のため契約成立に至らなかった。

このため、IBM 社の担当者は、その頃パソコンのソフトウェアを開発・販売していたマイクロソフト社を訪問した。ここで、ゲイツらは、IBM 社がはじめてパソコンを出荷することを知り、そこで稼働させるオペレーティングシステムを探していることを聞いた。ゲイツらは、数カ月後にオペレーティングシステムを納品するという契約を取り交わし、開発を始めた。しかし、プログラミング言語関係のソフトウェアの開発経験はあったゲイツらも、オペレーティングシステムの開発は初めてであった。このため、シアトルコンピュータプロダクトの 86-DOS の権利を買い取り、IBM PC 用のオペレーティングシステムとして改良した。でき上がったオペレーティングシステムは、IBM 社のパソコンでは PC DOS（つまり、OEM 版）と

して同梱されて出荷された。一方、自社ブランド名は、MS-DOS（Microsoft Disk Operating System）として独自に販売した。

　IBM PC は、IBM 社が開発したパソコンとして一躍脚光を浴びた。ただし、ゲイツらは、ここでもライセンス契約を保持したことから、IBM PC が売れれば売れただけ、契約料がマイクロソフト社に入った。これによって、マイクロソフト社は、ソフトウェア産業界の巨人としてのし上がっていくことになる。

　MS-DOS は、バージョン 1.25 から IBM 社との共同開発を続けたが、バージョン 5 からはマイクロソフト社単体での販売が開始され、バージョン 6 がその最終版となった。その後は、MS-Windows に包括されることになった。

　MS-Windows は、当初 MS-DOS のアプリケーションの一つにすぎなかった。バージョン 1.0 から開発が始まったが、メモリ不足のため実用的ではなかった。バージョン 3.0（1991 年発売）は製品としての機能が強化され、そのマイナーチェンジであるバージョン 3.1（1993 年発売）はわが国では爆発的に売れた。ただし、MS-DOS を起動した上で、プロンプトで「>win」と指定することで動作したことから、当初は MS-DOS 用の GUI という位置づけであった。また、ここまでの製品名にはバージョン番号をそのまま付加していたが、1995 年に発売した MS-Windows からは開発年次を付加するように変更された。

　Windows 95 は、MS-DOS を統合した初の製品となった。つまり、このバージョンからは、GUI ではなく、デスクトッ

プ用オペレーティングシステムそのものになったわけである。また、主要部分を32ビットにするとともに、マルチタスク機能を強化し、操作性の改良、マルチメディア対応、プラグ・アンド・プレイ（周辺機器装置のセットアップが簡単にできる機能）の追加など、さまざまな改良が行われた。API（Application Programming Interface）というインタフェース仕様には、それまでの16ビットだけでなく、32ビットにも対応できるようにした。

その後、Windows 98、Windows Me（Millenium Edition）——これらを総称してWindows 9xと呼ぶ——と、順次製品化が進められた。これらは、いずれもデスクトップ向けのオペレーティングシステムであったが、この後、サーバ向けのオペレーティングシステムWindows NT系の技術を全面的に取り入れたWindows 2000 Professionalが開発された。Windows NT系の最も大きな特徴は、当初から32ビット対応のオペレーティングシステムで、より高性能で高機能な操作環境を提供したことである。

それまでのWindows 9xシリーズでは、16ビットと32ビットの両方の動作環境に対応させるため、内部的な制御構造が非常に複雑になることから、頻繁にフリーズ（コンピュータシステム自体が動作せずに停止してしまうこと）するという問題があった。このため、Windows 2000 Professionalは、最初から32ビット対応のオペレーティングシステムとなった。

これに合わせて、サーバ向けオペレーティングシステムの

Microsoft Windows
family tree

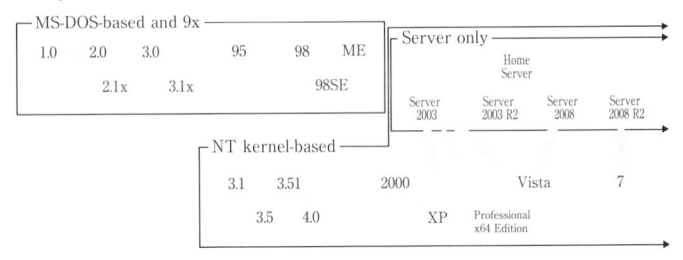

```
┌─ MS-DOS-based and 9x ──────────────────────┐  ┌─ Server only ──────────────────────────→
│  1.0   2.0   3.0       95    98    ME      │  │                    Home
│                                             │  │                   Server
│         2.1x   3.1x              98SE       │  │  Server   Server        Server   Server
└─────────────────────────────────────────────┘  │  2003    2003 R2        2008    2008 R2
                          ┌─ NT kernel-based ──┐
                          │ 3.1   3.51    2000          Vista          7
                          │
                          │     3.5   4.0       XP    Professional
                          │                           x64 Edition
                          └─────────────────────────────────────────────────────────────→
```

1985　1987　1989　1991　1993　1995　1997　1999　2001　2003　2005　2007　2009
　1986　1988　1990　1992　1994　1996　1998　2000　2002　2004　2006　2008　2010

図2・2　Windowsファミリー系列

出典：フリー百科事典『ウィキペディア (Wikipedia)』を一部改変

製品名を、Windows 2000 Serverと変更するとともに、それ以降はWindows Server 200xとなった。また、Windows 2000 Professional以降は、2001年のWindows XP、2007年のWindows Vista、2009年のWindows 7と次々製品化され、今日に至っている。

なお、Windows 7の次の製品に予定されているWindows 8は、ユーザインタフェースが大幅に変わりそうである。それは、旧来のアイコンとマウスの操作からタッチパネルの操作への変更である。デスクトップには、アイコンが並ぶのではなく、タイルと呼ぶ四角のボタンがます目状に並ぶ。それを、指で触れることで操作ができるようにする。この仕様変更には、今後普及が見込まれるタブレット型端末への移行を視野に入れていることがあげられる。さらには、クラウドコンピューティングの対応も考えられる。

マッキントッシュのオペレーティングシステム

アップル社が開発販売したパソコンであるMacintoshに搭載されたオペレーティングシステムには、Mac OS（System1からSystem9までのクラシック版）があげられる。当初から、GUIベースの操作環境や、（画面で）見たものがそのまま（印刷して）得られるといったWYSIWYG（What You See Is What You Get）によるユーザインタフェースをサポートしたところに特徴があった。

2001年には、Mac OSの後継として、Mac OS Xが製品化された。ただし、後継といっても、その基本設計はまったく異なるため、Mac OS 9を動作させるClassic環境を用意した。これによって、旧Mac OS向けのアプリケーションソフトウェアを、そのままMac OS Xでも利用できるようにした。

Mac OS Xは、ネクスト社のオペレーティングシステムであるOPENSTEPを改良しており、カーネル部の設計はBSD版のUNIXがベースになっている。ユーザインタフェースは、Aqua（ラテン語で水）と呼び、水を連想させるような立体的で透明性のあるデザインを採用し、直感的な操作ができた。

携帯情報端末のオペレーティングシステム

携帯情報端末から派生したスマートフォン用のプラットフォームが次々と開発され、その中に専用のオペレーティングシステムも含まれている。代表的なものに、次のようなものがある。

Android は、グーグル社が開発した携帯情報端末向けの組込み用オペレーティングシステムである。そのカーネルには Linux を採用しており、ソフトウェア開発キットも搭載されていることから、Linux プログラマであれば Android 向けのプログラムを開発することもできる。

iOS（旧 iPhone OS）は、アップル社が開発したスマートフォンの iPhone、ディジタルメディアプレーヤーの iPod、タブレットコンピュータの iPad に搭載されている組込み用オペレーティングシステムである。

Windows Phone 7 は、マイクロソフト社が開発した Windows Phone の後継となるスマートフォン向けのオペレーティングシステムである。

2・2　アプリケーションソフトウェアの登場と普及

アプリケーションソフトウェアとは、利用者が特定の目的のためにコンピュータで実行したい作業を実施するための専用ソフトウェアのことである。具体的には、ワードプロセッサ、表計算、プレゼンテーション、データベース管理、電子メール送受信、ウェブ閲覧、画像編集、音楽編集、卓上出版（DeskTop Publishing：DTP）、オーサリング、シミュレーションなど多岐にわたる。ここでは、代表的なソフトウェアであるワードプロセッサと表計算ソフトについて取り上げる。

ワードプロセッサ

　ワードプロセッサ（以降、ワープロと略す）は、文書を入力・編集・出力するためのソフトウェアである。ワープロには、専用機で動作するものと、パソコンで動作するものがある。ここでは、おもに後者（ワープロソフト）を取り上げる。

　ワープロソフトとしては、1978 年にマイクロプロ社が開発した WordStar があげられる。その当時のオペレーティングシステムであった CP/M で動作し、機能も豊富でかつ使いやすいことから業界標準にもなった。続いて、1986 年にコーレル・コーポレーション社が販売した WordPerfect がある。当初は MS-DOS 版の WordPerfect for DOS、その後は Windows 版の WordPerfect for Windows、Macintosh 版の WordPerfect for Macintosh、Linux 版の WordPerfect for Linux といったそれぞれのプラットホームに対応した製品を開発した。

　1990 年代からは Microsoft Windows が普及したことから、Windows 版のワープロソフトが主流になってきた。その中でも、Microsoft Word、Lotus WordPro、WordPerfect for Windows などが競合した。

　Microsoft Word は、1983 年に最初の版が販売されたが、このときから GUI を採用していた。ただし、英語文化圏で開発されたため、日本語処理の対応が不十分であり、わが国ではそれほど普及しなかった。

　その後、Windows 95 において、日本語入力システムとして

Microsoft IME（Input Method Editor）95が標準搭載されることになった。このため、同じバージョンのWord 95においても適用されるようになった。こうして、WindowsやWordのバージョンアップに合わせて、Microsoft IMEも、変換エンジンや辞書の改良を行いながらバージョンアップを続けてきた。現在では、Word 2010（Office 2010として同梱）、Office IME 2010が最新版としてそれぞれ出荷されている。

　以上は、米国を中心とした動向であるが、わが国でも独自に、ワードプロセッサの開発が進められた。ただし、当初はワープロ専用機の方が主流であった。その最初のものは、1978年に東芝が発表した日本語ワードプロセッサJW-10であった。ただし、価格は500万円以上で、個人利用は難しく、ビジネス利用がおもであった。

　その後、パーソナルワープロが各社から販売されるとともに、価格も下がったことから個人でも利用できるようになっ

写真2・1　初の日本語ワードプロセッサ JW-10
出典：情報処理学会「コンピュータ博物館」

た。代表的なものには、富士通のOASYS、日本電気の文豪、東芝のRUPO、キャノンのキャノワードなどがあげられる。しかし、1990年代に入ると、パソコンおよびワープロソフトの普及に押されて、ワードプロセッサは市場から消え去ることになった。

我が国で主流となったワープロソフトとしては、ジャストシステム社の一太郎があげられる。ジャストシステム社は、1979年に徳島県徳島市で、浮川和宣・初子夫妻により設立された。当初はオフコンの販売を行っていたが、その後日本語ワープロソフトの開発・販売に転じた。

その最初の製品は、日本電気のパソコンPC-100に搭載したJS-WORDだった。1985年には、PC-9801シリーズ向けjX--WORD太郎および付属ソフトとしてATOK3を同梱して販売した。

続いて、jX--WORD太郎の後継版からは、製品名を一太郎に変更するとともに、日本語入力ソフトATOK4をFEPとして提供した。FEP（Front End Processor）とは、手前にある処理機構という意味である。これより、ATOK4がキーボードから入力されたかな文字の並びを漢字に変換し、それを一太郎が受け取るという関係となった。なお、ATOK4をFEP化したことで、他のアプリケーションソフトウェアからも日本語入力ソフトが利用できるようになった。その後、一太郎とATOKはそれぞれバージョンアップを続けるとともに、ATOK7以降は別売り販売を実施した。現在では、Windows、

Macintosh、Linux などさまざまなプラットフォームに移植されている。

ATOK は、かな漢字変換の精度が優れていることに特徴がある。それは、変換のアルゴリズムよりも辞書の構成に重点を置くことで実現していることによる。入力されたかな文節（自立語と付属語から構成）を漢字に変換するためには、個々の単語に分解する必要がある。その際には、付属語辞書や接続表が参照される。

接続表は、先行単語と後続単語の接続関係を二次元の配列として構成したものである。これらの辞書類の編成に、独自のノウハウを反映させたわけである。その結果、学習機能を頻繁に使う以前に、ヒット率が向上することになった。

現在では、一太郎 2011 創、ATOK2011 for Windows、ATOK 2011 for Mac、ATOK X3 for Linux が最新版としてそれぞれ出荷されている。

なお、オープンソースとして、Open Office.org の OpenOffice.org Writer やサン・マイクロシステムズ社の StarSuite Writer などがある。

表計算ソフト

表計算ソフトとは、表形式のマス目（セルと呼ぶ）に、データ（数値、文字）や数式などを入れることによっていろいろな計算ができるとともに、表の中身をグラフに変換して表示することができるソフトウェアである。

世界初のパソコン向け表計算ソフトは、1979 年に、米国ソフトウェアアーツ社のブルックリン（Daniel Bricklin）らが開発した VisiCalc である。ブルックリンは、ハーバードビジネススクール在学中に、表計算のアイデアを思いついた。

それは、ある授業で教授が黒板上に書いた表の値を変更すると、それに合わせて他の箇所も変更しなければならず手間がかかることから、それらをコンピュータで自動的に計算できないかというものであった。そのアイデアを、アップル社のパソコンである Apple II 用のソフトウェアとして製品化した。販売されるや否や、各企業のビジネスに有効利用できることが明らかになり、爆発的な売れ行きとなった。その後、IBM PC を含め、他のパソコン（たとえば、PET2001 や TRS-80 など）にも移植された。

この成功を機に、他社からも表計算ソフトがそれぞれ開発・販売されるようになった。代表的なものには、1982 年にマイクロソフト社の Multiplan、1983 年にロータスデベロップメント社の Lotus1-2-3 などがある。

Lotus1-2-3 の 1-2-3 の製品名についてだが、1 が表計算機能、2 がグラフ機能、3 がデータベース機能をそれぞれ表していた。それだけでなく、アドイン（追加される拡張機能のこと）ソフトも豊富に揃っていたことから、マクロ（特定の処理をプログラムとして登録することで自動化する機能）と併用することで、利用者独自の環境を構築できた。

また、Lotus1-2-3 自体は、アセンブリ言語で記述されていた

ことから、機種依存という問題があったが、処理速度が格段に向上したことで他社製品を圧倒した。このため、MS-DOSが全盛の頃、最もよく使われていた表計算ソフトであった。

　一方、Microsoft Multiplanは、当初、CP/M向けの表計算ソフトとして販売していたが、その後MS-DOSにも移植された。このため、Lotus1-2-3と競合することになるが、処理速度に遅れをとったことで苦戦を強いられた。ただし、この後、テキストベースからグラフィカルベースのインタフェースを取り入れた表計算ソフトを開発していく。それが、Microsoft Excelであった。

　Microsoft Excelは、当初GUIベースのMacintosh向けとして開発されたが、1987年にはWindows版が販売された。この開発の中で、GUIに関するノウハウを蓄積したことにより、その後のマイクロソフト社製品にWindowsのインタフェースが取り込まれていった。それに合わせて、Microsoft Officeに組み込まれ、代表的なビジネスソフトとしての地位を築き上げた。現在では、Windows向けとしてExcel 2010（Office 2010として同梱）、Macintosh向けとしてExcel 2011が最新版としてそれぞれ出荷されている。

2・3 プログラミング言語の登場と普及

オペレーティングシステムにせよ、アプリケーションソフトウェアにせよ、いずれも何らかのプログラミング言語によって記述されている。そのプログラミング言語は人工言語と呼ばれており、自然言語とは相対する位置づけにある。

その最も大きな相違点は、人工言語の文法が厳密に規定されていることである。つまり、コンピュータが解釈できるように、あらかじめ決められた文法に従ってプログラミングをしなければならないことである。これに対して、自然言語では、曖昧さや多くの例外も認められる。それだけでなく、地域差（方言）や時間差（流行語）なども含む。ここでは、人工言語であるプログラミング言語について取り上げる。

低級言語の登場

商用コンピュータが登場した頃、プログラミング言語としては機械語が使われていた。機械語とは、コンピュータが直接的に解釈して実行できるプログラミング言語であり、すべて2進数を用いてプログラミングする。このため、コンピュータごとに若干仕様が異なる場合が生じた。また、2進数によるプログラミングを行うため、専門家である（職人芸）プログラマしか扱えず、一般人まで普及することはなかった。

そこで、機械語よりもわかりやすいニーモニック（機械語の

2進数を、英単語や記号の組合わせに置換したもの）という命令語で、プログラミングができるアセンブリ言語が登場した。ただし、コンピュータのアーキテクチャに依存する部分が多いことから、機械語を含めて低級言語と呼ばれた。

高級言語の登場

　各メーカーからメインフレームコンピュータが開発・販売されるのにともない、コンピュータのハードウェアやアーキテクチャから分離・独立させて、より抽象度を高めた高級言語が登場してきた。

　また、コンピュータよりも人間にとって理解しやすいように構文仕様を改めた。その結果、命令語は英語表記に近いものとなり、メモリ上の領域は番地を指定することなく変数の宣言によって使えるような工夫が取り入れられた。

　最初に開発された高級言語は、1957年に発表されたFORTRAN（FORmula TRANslation）であった。これは、科学技術計算に向いた手続き型のプログラミング言語であり、互換性を維持しながら言語仕様の改訂が続けられ、現在に至っている。

　また1958年に、ALGOL（ALGOrithmic Language）58が発表された。これは、構造化プログラミングという規範を取り入れた構造化言語であった。構造化プログラミングとは、構造化定理（プログラムは1つの入口と1つの出口だけとし、その中は順次・分岐・反復だけで構成できるという規範）をもとに

プログラミングすることである。また、ALGOL60では、その文法をバッカス・ナウア（Backus-Naur Form：BNF）記法で規定した。このため、その後のプログラミング言語に影響を与えたが、現在ではほとんど使用されていない。

1960年に、米国国防総省が中心となって開発したCOBOL（COmmon Business ORiented Language）が発表された。これは、事務処理計算に向いた手続き型のプログラミング言語であり、FORTRANと同様に、言語仕様の改訂が続けられながら現在でも使われている。言語の記述は、英語に近い構文になっているため、場合によっては冗長的なソースコードになるが、その分可読性が高まり、プログラムの保守がしやすいというメリットがある。

同年に、ジョン・マッカーシ（John McCarthy）によりLISP（LISt Processing）が発表された。これは、人工知能分野でよく使われるようになった関数型のプログラミング言語である。英語のスペルにListとあるように、リスト処理に向いた言語仕様となっている。

1964年に、米国ダートマス大学でBASIC（Beginner's All-purpose Symbolic Instruction Code）が開発された。英語で示されているように、初心者向けの汎用的な手続き型プログラミング言語である。当初は、メインフレームコンピュータで稼働する教育用言語という位置づけであったが、その後各社のパソコンに標準搭載されたことから、広く普及することとなった。

1966年に、IBM社がSystem/360用にPL/1を開発した。これは、事務処理計算と科学技術計算の両方がプログラミングできる言語であったが、その分処理系が重くなったため、メインフレームコンピュータでしか稼働できなかった。

1969年に、ヴィルト（Niklaus Wirth）がPascalを開発した。ALGOLの思想を引き継いでいたことから、構文仕様には前述したBNF記法（表2・1）が用いられた。また、厳密な構造化言語仕様を用いていたことから、大学でのプログラミング教育でよく使われた。

1972年に、アラン・カルメラウァー（Alain Colmerauer）らは、Prolog（Programming in Logic）を開発した。これも人工知能分野（とくに、ICOTプロジェクト）で使われるようになった論理型のプログラミング言語であった。

同年に、AT&Tベル研究所のデニス・リッチー（Dennis MacAlistair Ritchie）らが、ケン・トンプソン（Ken Thomp-

表2・1　BNFによる構文の記述

記　号	意　味
=	定義する
>	部分的に定義する
|	又は
.	定義の終わり
[x]	xまたは空
|x|	xを0個以上並べたもの
(x|y)	xまたはy（一つにまとめて扱うために用いる）
'xyz'	終端記号xyz
超識別子	非終端記号

son）らによって開発されたB言語をさらに改良して、C言語を作成した。これはもともとは、UNIXを記述する目的で開発されたことから、システム記述言語と呼ばれている。高級言語で記述されたオペレーティングシステムということで、UNIXの移植性は格段に向上し、メインフレームコンピュータからパソコンまで実装されるようになった。また、C言語に関する良書も数多く出版されたことで、大学等のプログラミング教育において初級レベルから上級レベルまで幅広く使われる定番のプログラミング言語となった。それだけでなく、実用面でも幅広く使われるようになり、現在に至っている。

新しい言語の登場

これまでの手続き型・関数型・論理型といったプログラミング言語ではなく、新しい規範にもとづくプログラミング言語も登場してきた。その一つがオブジェクト指向プログラミング言語であり、もう一つは簡易的なプログラミングが可能となるスクリプト言語である。

1970年に入ってから、米国ゼロックス社のパロアルト研究所でSmalltalk-72/76/80が開発された。オブジェクト指向という概念を取り入れており、初のオブジェクト指向プログラミング言語となった。

クラスという分類体系から実体化したものがオブジェクトであり、オブジェクト同士がメッセージ交換することで処理を実行するというプログラミングパターンである。クラス同士に

は上下関係があり、上位クラスの属性は下位クラスに継承されるので差分プログラミングが可能になる。また、豊富なクラス群がライブラリとして提供され、それらクラスライブラリの利用がオブジェクト指向プログラミングの特徴でもあった。

Smalltalkの登場は、プログラミングの世界に新風を巻き起こした。とくに、それまでのプログラミング言語において課題であったプログラムの保守がしやすいことや、再利用に適していることが評価された。その結果、1980年代以降は、既存のプログラミング言語において、オブジェクト指向化が図られるようになった。

具体的には、C言語を拡張したC++やObjective-C、Prologを拡張したESP（Extended Self-contained Prolog）、Lispを拡張したFlavorsやCLOS（Common Lisp Object System）、Pascalを拡張したObject Pascal、COBOLを拡張したOO（Object Oriented)-COBOLなどがあげられる。

1990年代に入り、サン・マイクロシステムズ社がオブジェクト指向を取り入れたJavaを開発した。C言語およびC++から構文を引き継ぐ一方で、ポインタ演算などを排除したり、ガベージコレクション（ゴミ収集という意味で、不要になったメモリ領域を回収して開放すること）の機能を取り入れてメモリ管理を自動化することで、プログラミングのしやすさを追求した。一番の特徴は、プラットフォームに依存しないこと、動作環境が大規模サーバからクライアント、さらには、PDAまでと幅広いことであった。

この頃から、ネットワークインフラの整備が進み、インターネットの利用が爆発的に広がったことで、ワールドワイドウェブ環境に適したスクリプト言語も登場してきた。スクリプト言語とは、アプリケーションソフトウェアの動作を台本のように記述するための言語である。最初のものは、IBM社が開発したメインフレームコンピュータ用のジョブを制御する言語、JCLであった。JCLは、おもにバッチ処理システムで動作し、実行するプログラムとファイルを指定するための専用言語である。その後は、GUIスクリプト、アプリケーション専用スクリプト、ウェブスクリプトなどが登場した。この中のウェブスクリプトは、サーバ用とクライアント用の2つのスクリプト言語がある。

ウェブサーバ向けでは、CGIプログラムを記述するスクリプト言語として、Perl、PHP（Hypertext Preprocessor）、ASP（Active Server Pages）などがある。CGI（Common Gateway Interface）とは、ウェブクライアントからのリクエストに応じて、プログラムを動作させるための仕組みである。もともと、ウェブサーバはあらかじめ蓄積した文書をウェブクライアントに送る処理しかできなかったが、CGIプログラムによって、動的に文書を生成して送ることができるようになった。

ウェブクライアント向けでは、ブラウザを制御するためのスクリプト言語としてJavaScript、VBScriptなどがある。JavaScriptは、オブジェクト指向スクリプト言語といわれているが、オブジェクト指向プログラミング言語であるJava

とは別物である。1996年に、マイクロソフト社のInternet Explorer3.0に搭載されたことから普及が広まり、現在は多くのブラウザで動作するようになっている。VBScriptは、マイクロソフト社の製品であり、Visual Basicの簡易版スクリプトである。ただし、Internet Explorerでしか動作しない。

第3章
コンピュータネットワークの発展経緯

　この章では、ICT の C に相当するコミュニケーション、つまり、通信について取り上げる。通信分野では、インターネットが世界的規模のネットワークとして普及している。本来、インターネットとは、ネットワークの間のネットワークという意味であり、複数のネットワークを相互に接続したネットワークのことでもある。ここでは、インターネットを中心にした発展経緯について述べる。

3・1　インターネットの登場と普及

　そもそもコンピュータは、軍の戦略上の利用目的にもとづいて開発されてきたという経緯がある。そのために、軍から莫大な資金が提供されており、その潤沢な資金によってさまざまな情報通信技術が開発されてきたといえる。インターネットも、同様の経緯で今日に至っている。つまり、米ソ冷戦をきっかけに、攻撃に強いネットワークの構築を目指したわけである。

ここでは、インターネットが誕生した経緯、および米国とわが国を中心としたインターネットの普及について取り上げる。

テレタイプによる通信

1940年代中頃から、米国対ソ連の冷戦時代が始まった。ソ連（ソビエト社会主義共和国連邦）は早くから核技術を保有しただけでなく、1957年には世界初の人工衛星スプートニク1号の打ち上げに成功した。このことは、ソ連が大陸間核弾道ミサイルを持つことを意味しており、スプートニクショックと呼ばれる衝撃が米国や西側諸国で広まった。また、1961年に、米国ユタ州で電話中継基地が爆破テロを受けた。これによって、全米規模の通信機能が麻痺しただけでなく、米国国防総省の専用回線も一時的に完全停止するという危機的な事態に遭遇した。

軍事戦略の中で最も重要なことは、C^3Iといわれている。これは、命令（Command）、制御（Control）、通信（Communication）、知能（Intelligence）の各頭文字をつなげた言葉である。

ユタ州の爆破テロにより、通信そのものが従来の電話網では防御に弱いことが明らかになり、攻撃に強い通信システムの研究を早急に進める必要が生じた。そこで、米国国防総省から、米国のシンクタンク（政策の立案や提言を行うための調査研究機関のこと）であるランド研究所（Research ANd Development corporation）に、この研究が委託された。

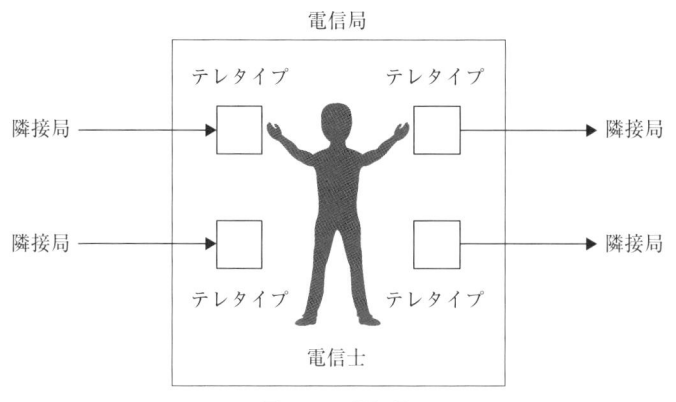

第3章 コンピュータネットワークの発展経緯　*61*

図3・1　電信局

　さて、開拓時代の米国では、広大な地域に多数の電信局が設置され、網の目のように電線が張り巡らされていた。電信局とは、テレタイプ（電動機械式のタイプライタ）による電信をつかさどる基地局のことである。電信局による電信の仕組みは、図3・1のようになる。

　具体的には、隣接の電信局から送付されてきた電文を、テレタイプで受信する。それを穿孔テープに打ち出す。電信士は、穿孔箇所を読み取り、この電文をどの電信局に送り出せばよいかを判断する。そして、最寄りの電信局につながるテレタイプに穿孔テープをセットして電文を送付する。これによって、電文は複数の電信局を経由しながら、バケツリレー方式で、最終的に送付先の電信局に届く。つまり、経由途中の電信局が何らかの原因で機能停止になったり、電線が切断されたとしても、それらの箇所を迂回することによって、電文は確実に相手先に

届くという仕組みになっていた。

　以上の電信方式の特徴は、符号化とバケツリレー方式にあるといえる。符号化とは、電文をディジタル化し、穴をあけるかあけないかという穿孔の並びによって情報を表したことである。また、バケツリレー方式によって、ある箇所を迂回できるという仕組みが実現できた。

情報転送装置 IMP

　この電信方式をもとにして、電信士の作業をプログラム化するとともに電信局そのものをコンピュータに置き換えること、電文情報をパケット（小包のこと）に分けて送信すること、などについて研究が始まった。

　パケットについては、先頭に宛先情報と分割したパケットの付番データ（何番目か）をそれぞれ付加し、その後ろに分割した情報をつけるという編成とした。これによって、送信したい情報はパケット単位に分割されて順次送信され、それぞれネットワーク上を経由して、最終的な到達箇所で順番通りに復元されるという仕組みが考案された。

　また、これらの通信を制御する専用のコンピュータとして、IMP（Interface Message Processor）が開発された。IMPは、図3・2のような構成になっていた。

　IMPの動作は、次のようになる。隣接の各IMPとは、それぞれ通信回線で接続されている。隣接のIMPから、パケットが入力経路インタフェースに送られてくる。そのパケットを一

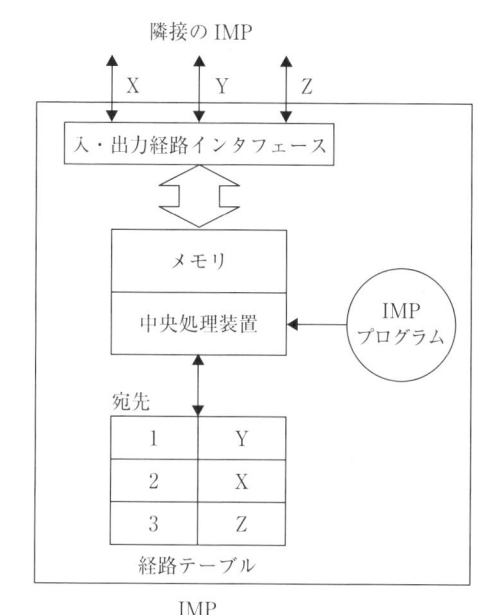

第3章 コンピュータネットワークの発展経緯　*63*

```
          隣接の IMP
            ↕ ↕ ↕
            X  Y  Z
┌─────────────────────────┐
│   入・出力経路インタフェース    │
│         ⇅              │
│   ┌─────────┐          │
│   │  メモリ   │    ┌──────┐│
│   ├─────────┤ ←─ │ IMP  ││
│   │中央処理装置│    │プログラム││
│   └─────────┘    └──────┘│
│      ↕                  │
│   宛先                   │
│   ┌───┬───┐             │
│   │ 1 │ Y │             │
│   ├───┼───┤             │
│   │ 2 │ X │             │
│   ├───┼───┤             │
│   │ 3 │ Z │             │
│   └───┴───┘             │
│   経路テーブル             │
└─────────────────────────┘
           IMP
```

図3・2　IMP の構成

時的にメモリに記憶する。次に、中央処理装置に転送された IMP プログラムの命令文により、そのパケットの先頭部分にある宛先番号を読み取り、経路テーブルを参照する。経路テーブルには、宛先番号と、その宛先に到達するために最も適した隣接の IMP につなげるための出力経路インタフェースの番号が格納されている。これによって、そのパケットを、該当する出力経路インタフェースを経由して、隣接の IMP に送り出すわけである。このようにして、電信士が行っていた作業は、IMP プログラムによって自動的に代替えされる仕組みが実現

したといえる。

この仕組みの中で、重要な役割を担うものは経路テーブルの更新である。ネットワーク上にあるIMPの稼働状態は、故障や事故あるいは災害（さらには、爆破テロ）などさまざまな要因によって刻々と変わっている。このため、常にネットワーク上のIMPの状況を把握し、最新の経路表に更新しておく必要がある。

インターネットの原型ARPANET

IMPを用いた最初のネットワークは、米国国防高等研究計画局（Defense Advanced Research Projects Agency：DARPA—当初はD（国防）がないARPAと命名されていた—）が開発したARPANETであった。ARPANETは、米国の4つの大学のコンピュータを専用回線により相互に接続したネットワークであった（図3・3）。

・UCLA[*1]の「シグマ7」
・SRI[*2]の「SDC940」
・UCSB[*3]の「IBMシステム360」
・Utah[*4]の「PDP-10」

*1 カリフォルニア大学ロサンゼルス校
*2 スタンフォード大学研究所
*3 カリフォルニア大学サンタバーバラ校
*4 ユタ大学

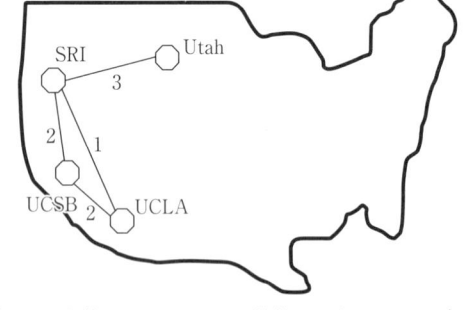

図3・3 ARPANET（4つの大学のコンピュータを接続したネットワーク）

最初（1969年）は、スタンフォード大学研究所（Staanford Research Institute：SRI）にあったコンピュータ「SDC940」と、カリフォルニア大学ロサンゼルス校（University of California、Los Angeles：UCLA）にあったコンピュータ「シグマ7」が、IMPを介して相互に接続された。これによって、機種の異なるコンピュータ同士が、24時間接続しっぱなしというコンピュータネットワークが誕生したわけである。

その次に、カリフォルニア大学サンタバーバラ校（University of California、Santa Barbara：UCSB）にあったコンピュータ「IBM システム360」が、同じくIMPを経由して接続された。これによって、SRIとUCLAとUCSBから構成されるコンピュータネットワークが設置されたわけである。その際に、各IMPの経路テーブルは、自動的に書き換えられて更新された。

さらに、ユタ大学にもIMPが設置され、そこにあったコンピュータ「PDP-10」が、IMPを介して接続された。ただし、ユタ大学は、他の3大学よりも遠い場所にあって回線費用が高くなることから、SRIとだけ接続した。それでも、ユタ大学と、UCLAあるいはUCSBの間で、データのやり取りが可能になった。これには、SRIのIMPが、送信されてきた情報を完璧に中継するという機能を実現できたことがあげられる。

ARPANETの成功により、いよいよ世界規模のコンピュータネットワークであるインターネットが構築されるきっかけとなった。このため、ARPANETがインターネットの原型と呼

ばれているのである。

米国でのインターネット普及

　ARPANETのネットワークを介して、あとは新しい識別番号を持ったIMPを接続するだけで、際限なく拡張させることができるようになった。具体的には、ボストンにあるマサチューセッツ工科大学（Massachusetts Institute of Technology：MIT）やハーバード大学、あるいはボルト・バーネック・ニューマン社など、1970年半ばには50以上の機関がつながるネットワークへと成長した。

　一方、ARPANETに参加できなかった大学や研究所において、類似のコンピュータネットワークが作られた。具体的には、USENET（USEr' NETwork）やBITNET（Because It's Time NETwork）などがある。USENETは、ネットニュースという電子掲示板システムを提供したダイヤルアップ方式のネットワークであるが、今は存在しない。BITNETは、米国シティ大学で開発されたネットワークシステムであり、メインフレームコンピュータを使う研究者らが電子メールとファイル交換を実装するために作られた。また、メーリングリスト（電子メールの同報通報の一つ）の通信サービスも提供した。

　1984年には、全米科学財団（National Science Foundation：NSF）によるNSFNET（NSF NETwork）の開発が始まった。これは、当初、学術的な研究目的に限定されており、米国の5大学にスーパーコンピュータセンターを設置し、大容量の専用

回線によって相互接続したネットワークであった。1986年に既設のCSNETが再編成され、NSFNETが誕生した。これによって、インターネットの基幹通信網の役割を担うネットワークがARPANETからNSFNETに移行した。こうして、米国では、さまざまなネットワークが相互に接続されることで、インターネットの基盤が拡充していくこととなった。

また、当初のインターネットは学術利用に限定されていたが、1989年にはUUNETが商用サービスを提供することになったことから、インターネットサービスを提供するプロバイダ（Internet Service Provider：ISP）が続々と参入することとなった。

わが国でのインターネット普及

わが国でも、1984年にJUNET（Japan University NETwork）の開発・運用が始まっており、これが日本のインターネットの起源といわれている。JUNETは、学術研究での利用を目的にしたコンピュータネットワークであった。

慶應義塾大学の村井純氏が、同大学のコンピュータと東京工業大学のコンピュータを専用回線によって結び、接続テストを成功させたことが始まりであった。その後、東京大学が加わり、ここから実験的なネットワークとして運用が開始された。1987年には、国際接続での利用を目的として、国際科学技術通信利用クラブも設立された。こうして、1991年にJUNETの活動は終了した。

1985 年には、それまでの公衆電気通信法が電気通信事業法に改正されるとともに、日本電信電話公社の民営化と電気通信事業の民間への開放が行われた。つまり、わが国における通信の完全自由化である。これによって、1987 年には、日本テレコム、日本高速通信、第二電電が新しく通信事業に乗り出した。

　日本テレコムは、日本国有鉄道と商事会社 3 社（三井物産、住友商事、三菱商事）によって設立された株式会社であった。国鉄が絡んでいたことから、新幹線の線路沿いに敷かれてある管路に光ファイバーを施設することで、東京―大阪間といった基線部の通信サービスを提供しようというもくろみであった。

　日本高速通信は、KDDI の前身会社の一つであり、（財）道路施設協会（日本道路公団の公益法人）とトヨタ自動車により設立された株式会社であった。道路公団が絡んでいたことから、東名高速道路や名神高速道路の中央分離帯に光ファイバーを施設して、基線部の通信サービスを提供しようというもくろみであった。

　第二電電は、京セラ、三菱商事、ソニー、セコムなどの出資により設立された株式会社であった。ただし、ここだけは、光ファイバーを施設する手立てがなかったため、別の方策を取り入れた。それは、マイクロ波を利用した通信サービスであった。マイクロ波は直進性があり、のろし台と同じように、中継局を経由しながら通信を行うという仕組みである。

1992年には、AT&T Jens社がわが国初の商用ISPサービスSPINの提供を開始した。その当時はパソコン通信が主流だったが、それらのサービスを提供する通信業者が、こぞってインターネットの相互接続サービスを開始した。その後、OCN（NTTコミュニケーションズ社）、ODN（ソフトバンクテレコム）、@nifty（富士通ニフティ）、BIGLOBE（NEC）、So-net（ソネットエンタテインメント）など、次々と新しいISPが参入し、個人向け電話回線によるダイヤルアップ接続やISDNによるインターネット接続サービスも始まった。

その後、インターネット接続はナローバンドからブロードバンドへ、さらには、ユビキタスネットワークへと移行してきている。

ナローバンドは低帯域でのインターネット接続を意味しており、ダイヤルアップ接続かISDN（Integrated Services Digital Network）接続を使うのが一般的である。ダイヤルアップ接続では、電話網にモデムを介して接続するが、通信速度は最高でも56kbps（キロビット毎秒のこと）と低速である。ただし、電話回線があればそのまま接続できるので、別途工事などは不要である。ISDN接続では、ISDN網にターミナルアダプタを接続するが、通信速度はINSネット64サービスを利用すると64kbpsから128kbpsまでとなる。

ブロードバンドは広帯域でのインターネット接続を意味しており、その通信速度は1Mbps（メガビット毎秒のこと）以上といわれている。インターネット接続には、CATV、ADSL、

FTTH などによるサービスが提供されている。

　CATV（Common & community Antenna TeleVision）は、光ケーブルや同軸ケーブルを用いて、テレビ放送やインターネット接続さらに電話などのサービスを提供する。インターネット接続については、高周波チャネルを介した双方向通信を実現するケーブルモデムを用いる。CATV 局は、現在、各都道府県ごとにそれぞれの地域に根差した形態で開設されているだけでなく、オプティキャストなどのような広域サービスとしても提供されている。

　ADSL（Asymmetric Digital Subscriber Line）は、非対象ディジタル加入者線とも呼ばれ、電話回線上の上り（利用者宅から電話局方向）と下り（電話局から利用者宅方向）の速度が非対象となる通信技術のことである。インターネット接続では、宅内に引き込んでいる電話回線に ADSL モデム（スプリッタ内蔵）をつなげるだけなので、工事も不要である。ADSL サービス提供事業者には、アクセスラインだけの提供（たとえば、フレッツ ADSL）、プロバイダとの連携による一括契約（たとえば、イーアクセス）、プロバイダを兼用した形態（たとえば、Yahoo!BB）などがあげられる。

　FTTH（Fiber To The Home）は、光ファイバーを一般の個人宅に直接引き込むことである。光ファイバーの通信速度は最大で 100Mbps に及び、高速で大容量の通信が可能になる。ただし、既存の電話網やケーブルテレビ網を利用するのではなく、新たに光通信網を設置しなければならず、事業者にとって

サービスエリアの拡大にコストがかさむことになる。また、個人宅に光ケーブルを引き込むための作業と、それにともなう経費がかかる。それでも、2001年から、NTT東日本・西日本がフレッツ光（Bフレッツ、フレッツ光プレミアム、フレッツ光ネクストの総称）という定額制かつ常時接続のサービスを始めたことから、急速に普及が進んだ。

　ユビキタスネットワークとは、いつでも、どこでも、誰でもが恩恵を受けることができるという意味である。このようなネットワークをわが国のインフラとして整備しようという政策が、総務省から発表されている。それが、u-Japan政策である。

　u-Japanは、e-Japan戦略の次に打ち出された政策であり、次世代ICT社会の実現に向けた中期ビジョンである。先頭の文字uには、Ubiquitous（あらゆる人や物が結びつく）・Universal（人に優しい心と心の触れ合い）・User-oriented（利用者の視点が融けこむ）・Unique（個性ある活力が湧き上がる）といった意味が包含されている。その中のユビキタスについては、「いつでも、どこでも、何でも、誰でも、ネットワークに簡単につながる」「人と人、人と物、物と物とが結ばれる」といった形で、人間同士だけでなく、物との結びつきも強調している。

3・2　ワールドワイドウェブの登場と普及

インターネットが普及した背景には、基盤となるネットワークそのものの施設と整備そして拡充が重要な鍵となった。ただし、それだけではなく、もう一つ重要な要因があった。それは、インターネットが商用化されたことでさまざまなサービスが提供されるとともに、それらを利用者が簡単に使えるという環境であった。その環境を実現した技術が、ワールドワイドウェブである。

ワールドワイドウェブ（World Wide Web：WWW）は、直訳すると「世界（World）に広がる（Wide）クモの巣（Web）」という意味であり、インターネット上で稼働するハイパーテキストシステムのことである。単にウェブと呼ばれることもあり、インターネットを利用するための技術である。

ここでは、ワールドワイドウェブがどのように登場し、普及してきたのかについて取り上げる。

ENQUIRE の開発

ワールドワイドウェブの生みの親は、バーナーズ・リー（Berners Lee）であった。1980 年、彼は、スイスのジュネーブにある欧州原子核研究機構 CERN（European Organization for Nuclear Research）に在職していた。そこで、彼は、研究者や開発者たちに、効果的に情報を提供するための仕組みと

してENQUIREを開発していた。これは、文書の中にある単語に対して、他の文書とのつながりを示す書き込みができるソフトウェアであった。このつながりのことを、ハイパーテキストと名付けた。ハイパーとは「垣根を越える」という意味であり、テキストは「文書」であるから、ハイパーテキストは「それぞれの垣根を越えてつながり合った文書」という意味である。このアイデアは、1987年にMacintoshで動作したハイパーカードに実装された。

　CERNでは、教多くの研究者や開発者にとって、コンピュータの利用が簡単となるようなソフトウェアを開発する必要があった。その際に、開発したソフトウェアの使用方法を通知するやり方に問題があった。それは、紙で配布してもすぐに失くされること、また、頻繁にソフトウェアをバージョンアップするとそれに合わせて更新資料を配布しなければならず煩雑であったことである。このため、すべての研究者や開発者が持つ情報や文書を共有することで、皆が利用できるという環境を提供するプロジェクトがCERN内で結成された。そこに、バーナーズ・リーも参画したわけである。

ワールドワイドウェブの誕生

　1989年、バーナーズ・リーは、ENQUIREを開発した経験をもとに、「Information Management: A Proposal（情報管理に関する一つの提案）」という提案書を作成した。ENQUIREでは、単にフロッピーディスク内での別の文書にリンクを張る

クライアントパソコン　　　　　　　　　　サーバコンピュータ

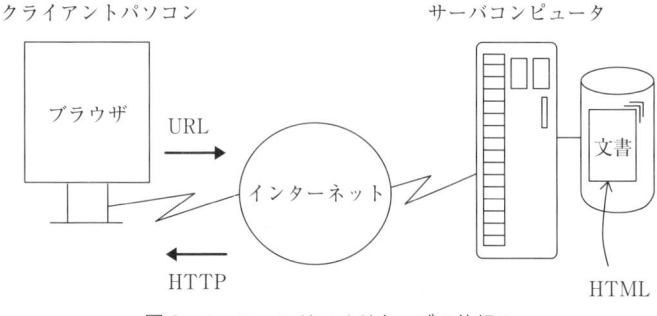

図3・4　ワールドワイドウェブの仕組み

だけの機能であったが、この提案書ではその機能をさらに拡張した。具体的には、インターネットに接続されているすべてのサーバのディスク装置に格納されている文書へリンクが張れるようにするというものであった。その仕組みは、図3・4のようなものである。

　クライアントパソコンではウェブブラウザという閲覧ソフトを入れておく。それを起動し、閲覧したい文書のありかを、URL（Uniform Resource Locator）で指定する。URLは、インターネット上での資源を識別するための番地を記号化したものである。その資源には、ウェブページや電子メールの宛先などがあげられる。

　次に、URLで指定された場所をたどり、該当する文書を見つけ出す。その文書は、HTML（Hyper Text Markup Language）という共通の決まりにもとづいて表記されている。HTMLは、ワールドワイドウェブ上の文書に関する構造（段落など）や装飾（文字フォントなど）を指定するための言語である。その指

定のことをマークアップと呼び、マークアップを記述するための文字列をタグと呼ぶ。マークアップされた文書は、（現在では）テキストだけでなく画像や表などを含み、他の文書へハイパーリンクを張ることができる。

　指定された文書の転送は、HTTP（Hypertext Transfer Protocol）という手順に従って行われ、要求されたクライアントパソコンに文書が届き、画面に表示される。HTTPは、ウェブサーバとウェブブラウザの間で、HTMLなどによって記述されたハイパーテキストの送受信用に用いられる通信規約であり、ハイパーテキスト転送プロトコルと呼ばれる。

　この仕組みの実装は1990年から始まり、NeXTコンピュータ上に最初のホームページ（ウェブページの入口という意味、つまり、最上位階層に位置するページのこと）が開設された。それとともに、ウェブブラウザも開発され、1991年にインターネット上で利用可能なサービスとして提供されることになった。

モザイクの誕生

　当初のワールドワイドウェブは、NeXTコンピュータだけしか稼働しなかった。ちなみに、NeXTコンピュータとは、アップル社の創業者であったスティーブ・ジョブズが、ネクスト社を創設し、そこで新たに開発したコンピュータであった。彼は、アップル社のLisaやMacintoshにGUIを実装したが、同じようにNeXTコンピュータにもGUIを取り入れた。

そのオペレーティングシステムは、NEXTSTEPというUNIXに近いものであったことから、ネットワークが扱いやすかった。また、プログラマ向けの開発ツールが揃っていたことから、プログラミングがしやすかった。このため、バーナーズ・リーは、2カ月間でワールドワイドウェブを開発できた。

しかし、ワールドワイドウェブが普及するためには、他のコンピュータでも稼働する必要があった。このため、バーナーズ・リーはインターネット上でウェブの移植作業をやろうと世界中のプログラマたちにメッセージを送るとともに、ワールドワイドウェブの仕様やソースコードも公開するとした。

このメッセージを見ていたプログラマの中に、米国イリノイ大学の国立スーパーコンピュータ応用センター（National Center for Supercomputing Application：NCSA）で学ぶ学生たちがいた。

その中の1人、マーク・アンドリーセン（Marc Andreessen）は、あることに気がついた。それは、バーナーズ・リーの開発したワールドワイドウェブには文字情報しか表示されていないことであった。そこに、絵などの画像情報が表示できれば、魅力的なソフトウェアになるに違いないと確信した。

そこで、友人数名を誘い、ワールドワイドウェブの改良を行った結果、ウェブを閲覧するソフトウェアを作り上げてモザイク（MOSAIC）と命名した。それだけでなく、さまざまなコンピュータでも稼働できるように、モザイクの移植も行った。

モザイクは、世界のいたるところに散らばっているネット

ワーク上の文字・画像・動画・音楽・データベースコンテンツなどの情報を、マウスをクリックするだけで簡単に入手できる画期的なソフトウェアであった。それを、インターネットを通じて、世界中に無料で公開した。

具体的には、NCSA のサーバにモザイクを置くだけで、誰でもほしい利用者がそこにアクセスして自分のコンピュータにコピーすることができた。しかも、Windows、UNIX、Macintosh の各プラットホームを含め、ほとんどのコンピュータで稼働するようになっていた。こうして、モザイクはあっという間に世界中に浸透することとなった。

モザイク対モジラ

モザイクの評判は、米国ホワイトハウスにも届き、当時のゴア副大統領からモザイクの使い方を教えてほしいという連絡が入ったこともあった。そのことを聞きつけたイリノイ大学の関係者は、モザイクそのものを大学側で一元的に管理し始めた。このため、モザイクの部分的な改良に対しても、いちいち大学当局にお伺いをたてなければならなくなった。その結果、それまでは頻繁に行われていたモザイクの改変が、1993 年末あたりからほとんど止まってしまった。

それにもかかわらず、イリノイ大学の NCSA は、モザイクをビジネスに利用する方針を決定した。NCSA は非営利団体なのでビジネス自体を行うことはできないが、モザイクの版権を取得しようとする企業が数多くあったのである。その結果、

1994年に、スパイグラス社にモザイクの販売許可を与えるに至った。

一方、アンドリーセンらは、NCSAのこのやり方に嫌気がさして、新たな道を模索し始めた。ただし、彼らは、どのように資金を調達し、どのように起業すればよいのかわからずにいた。そんなときに、ジム・クラーク（James H.Clark）と出会い、新しい道が切り拓かれることとなった。

ジム・クラークは、1982年に米国シリコン・グラフィック社（Silicon Graphics, Inc.）を創業した事業家であり、コンピュータグラフィックの業界ではすでに覇権を握るまでの存在になっていた。このように事業で成功をおさめたにもかかわらず、ジム・クラークは新しい世界に飛び込んでみたいと画策していた。

そこで、ジム・クラークは、友人に、新しい仕事を一緒にやってくれそうな能力のあるエンジニアを紹介してほしいと頼んだ。そこで、紹介されたエンジニアこそが、アンドリーセンであった。

早速、ジム・クラークはアンドリーセンと会い、いろいろと話し合った結果、取り組むべき新事業が見えてきた。それは、自分たちが作ったモザイクよりも優れたブラウザを新たに開発・販売しようという試みであった。そのモザイク・キラーを、モジラ（Mozilla）と名付けた。これは、モザイクとゴジラを合わせた造語であり、モザイクを食い潰すゴジラのことを表していた。

こうして、1994年に、ジム・クラークとアンドリーセンを含む若者たちは、新しい会社「モザイクコミュニケーションズ（Mosaic Communication Corporation）」を創設した。これに対して、イリノイ大学は異論を唱えた。イリノイ大学としては、そもそも「モザイク」という言葉は自分たちのトレードマークであり、それを社名として利用することは違反であると主張したのである。このため、社名を、モザイクコミュニケーションズではなく、ネットスケープコミュニケーションズ（Netscape Communitions）に変更したことで、和解が成立した。

アンドリーセンらは、打倒モザイクを合言葉に、不眠不休で開発を続けた結果、「モジラ バージョン 0.9」と名付けた製品を発表した。しかし、製品名についても、モザイクとゴジラの造語だとモザイクが関連づけられるので困るということになった。このため、モジラではなく、ネットスケープナビゲータ（Netscape Navigator）に変更し、1994年にバージョン1.0をリリースした。その際に、モザイクと同様に、ネットスケープナビゲータをサーバーコンピュータに置き、「自由に使ってください」と無料配布したわけである。

その結果、またたく間にネットスケープナビゲータは、モザイクを駆逐してしまった。なぜならば、すでに進化が止まっていたモザイクに対して、ネットスケープナビゲータはより便利な機能を追加するとともに断然使いやすくしただけでなく、絶えず製品自体の改良も続けたからである。

この成功によって、ジム・クラークをはじめ、若手の創業者

たちも億万長者にのし上がることになった。しかし、ネットスケープナビゲータは無料配布だったのに、なぜそんな莫大な利益を得られたのかという疑問が生じるが、これにはあるからくりがあった。

それは、ソフトウェアの使用契約書を添付し、そこに、「これはお試し版であり、正規の製品についてはライセンス契約をするように」と記載しておいたわけである。これによって、当初は個人だけの利用だったが、多くの人々がネットスケープナビゲータの利便性を体験したことによって、自分の所属する企業でも利用したいということでライセンス契約を結ぶようになった。こうして、ネットスケープコミュニケーションズ社には、莫大な利益が転がり込んできたのである。

このことは、インターネット時代のソフトウェア開発・販売における新しいビジネスモデルを作り上げることとなった。それは、使い勝手のよい優れたソフトウェアを開発したらサーバに置いて配布する。CD-ROMなどのパッケージ製品では郵送代など経費がかさむが、ダウンロードでは利用者負担となり経費は発生しない。しかも、お試し版は無料、製品版は有料とすれば、利用者は最終的に製品版を購入したくなるので、ビジネスが成立するというわけである。

ウェブブラウザの覇権争い

その後、1995年にはネットスケープナビゲータのバージョン2.0がリリースされた。これには、クッキー（cookie）やJava

Scriptといった技術が取り込まれた。クッキーは、ウェブサーバの提供者が、閲覧されたウェブクライアントに、データを一時的に書き込んで記録させるための仕組みである。Java Scriptはスクリプト言語の一つであり、これによりウェブページに動的な表現を組み込むことができる。

1996年には、バージョン3.0がリリースされた。この頃になると、ウェブブラウザの市場シェアにおいて、約7割を占めるほど人気の製品になっていた。

一方、ネットスケープコミュニケーションズ社の成功を見ていたマイクロソフト社も、インターネットの普及とあいまって、ウェブブラウザの市場に注目していた。そこで、1995年には、NCSAからモザイクのライセンスを取得して、ウェブブラウザの開発を独自に始めた。同年に、インターネットエクスプローラ（Internet Explorer）のバージョン1.0をリリースしたが、その機能はレベルが低く、ほとんど使いものにはならなかった。

続いてバージョン2.0を、翌年にはバージョン3.0を、それぞれ無償で公開した。このあたりから、ネットスケープナビゲータとインターネットエクスプローラのし烈な争いが始まり、お互いに頻繁なバージョンアップを繰り返すことになった。

1997年には、インターネットエクスプローラのバージョン4.0がリリースされたが、ここからWindows95（ただし、最終バージョン）に統合されることになった。つまり、Windows

用のウェブブラウザとして、インターネットエクスプローラが標準搭載されたわけである。これによって、Windows 利用者は、そのままインターネットエクスプローラが使えることになったが、この抱合わせ販売が問題となった。その結果、マイクロソフト社が独占禁止法に違反しているということで提訴されたわけである。

しかし、その後の裁判での議論の末に、ウェブブラウザはオペレーティングシステムの機能の一部であると認定されるようになったことから和解が成立した。その代わりに、パソコンメーカは他のウェブブラウザも同梱できるようになるとともに、利用者が好きなウェブブラウザを選択できるようにした。それでも、Windows パソコンの普及が進んだことで、2000 年以降には、インターネットエクスプローラがほぼウェブブラウザの市場を独占することになった。

このように、ウェブブラウザの市場がマイクロソフト社にほぼ独占される中で、ネットスケープコミュニケーションズ社はある決断を行った。それは、ネットスケープナビゲータのソースコードを公開して、オープンソースソフトウェアとして開発するというものであった。ただし、1998 年にはネットスケープコミュニケーションズ社は AOL 社に買収されたことにより、ネットスケープナビゲータのバージョンリリースが徐々に停滞することになった。その後、いくつかのバージョンが、名称を変えながらリリースされたが、2008 年 2 月 1 日をもってネットスケープナビゲータ全製品のサポートを終了すると発表

第3章　コンピュータネットワークの発展経緯　*83*

された。

　これに対して、マイクロソフト社は、インターネットエクスプローラのバージョンアップを継続しており、2011年にはバージョン9が正式にリリースされている。これに対抗するウェブブラウザとしては、Mozilla Firefox（バージョン4）、Opera（11.10）、Safari（バージョン5）、Google Chrome（バージョン14）などがあげられる。

　Mozilla Firefoxは、米国Mozilla Foundationという非営利企業が開発しており、オープンソースを推進するMozillaプロジェクトの支援を行うために設立されたという経緯がある。Mozilla Firefoxの特徴は、オープンソースであるとともに、Windows、Mac OS X、Linux、FreeBSDなどの各プラットホームで動作する（クロスプラットホームとも呼ぶ）ことがあげられる。

　Operaは、ノルウェーのオペラソフトウェア（Opera Software）社が開発しており、ウェブ標準化の推進も積極的に行っている企業である。ウェブブラウザだけでなく、電子メール用のメーラーなどの機能も含まれており、クロスプラットホームなソフトウェアになっている。

　Safariは、アップル社が開発しており、Mac OS X用の標準ブラウザとして同梱されている。それだけでなく、iPhoneやiPadあるいはiPod touchといったPDA用のウェブブラウザにも対応している。

　Google Chromeは、グーグル社が開発しており、2008年に

Windows 版の正式バージョンが、翌年には Mac OS X 版と Linux 版の正式バージョンが、それぞれ公開された。

このように、現在でも、ウェブブラウザの市場獲得のための争いが続いており、パソコンだけでなく PDA 向けのウェブブラウザの開発も精力的に進められている。

3・3　暗号ソフトウェアの開発経緯

インターネットは、もともとオープンなネットワークであった。つまり、誰かがネットワークを管理しているわけではなく、ルータをネットワークに接続することで自由に使える環境が提供されるわけである。

しかし、このことは、ネットワークで送受信される情報もオープンになることを意味しており、その秘匿性に問題が生じることになる。具体的には、金融機関の口座番号やクレジットカード番号、暗証番号、取り扱う金銭情報など、さまざまな個人情報の流出があげられる。そこで、企業や個人が安心してかつ安全にインターネットを使うために、インターネット上の情報を暗号化するソフトウェアの開発が始まった。

ここでは、暗号ソフトウェアの開発経緯について取り上げる。

暗号通信

　その昔、無線による通信において、他人による傍受が問題になっていた。このため、通信の秘匿性を保持するために、暗号通信を使うようになった。これは、通信を行う者同士が、お互いにある解読法をもとに暗号文を作成して無線で電信するというやり方であった。これによって、暗号文の解読法がわからない第三者には、何もわからないというものであった。

　このような暗号通信の代表的なものに、第二次世界大戦においてドイツ軍が用いた「エニグマ」という暗号機があった。これは、電気による機械式の暗号装置であり、アルトゥール・シェルビウス（Arthur Scherbius）が発明して、それをドイツ軍が採択したという経緯があった。

　エニグマの暗号方式では、平文（暗号対象となる元の普通の文のこと）を、1文字か数文字単位に、別の文字や記号などに置き換えることで暗号文を作成する。こうしてできた暗号文を、逆に変換することで平文に戻るという方式であった

　連合国軍は大戦中にこの暗号方式の解読に成功していたが、そのことを秘匿し続けたために、ドイツ軍はまったく気づかずに使用し続けた。その結果、ドイツ軍の戦略や戦術は、すべて連合国軍によって解読されており、そのことがドイツ軍の戦局を不利にしたともいわれている。

　この暗号方式の一番の問題は、送信側も受信側も暗号方式を共有しなければならないことにあった。このため、送信側は常に暗号方式を受信側に受け渡す必要があったが、最終的には人

間が直接的に伝達しなければならず、敵に捕まることで生命の危険にさらされるというリスクがあった。

一方、当たり前のことであるが、暗号方式を知らない初対面の人は、暗号文の解読ができない。このことは、不特定多数の人とは、暗号通信がまったくできないことを意味する。もちろん、人の数だけ暗号方式を用意することも考えられるが、そのための負担が増えることで煩雑にならざるを得ない。

ネットワーク上では、不特定多数の人々との秘匿性を持つ通信が頻繁に生じることから、暗号方式の共有を解決しなければ実用化につながらないわけである。

公開鍵暗号

暗号方式のことを、暗号鍵と呼ぶ。この暗号鍵をネットワーク上でどう配布するかという基本的な問題を解決するためのアイデアを考案したのは、米国のホイットフィールド・ディフィー（Bailey Whitfield Diffie）であった。

彼は、スタンフォード大学にいたが、教員や学生としてではなく、研究室にたむろしていて、要望されたプログラムを開発するという仕事を請け負っていた。そんなときに、自分の彼女が暗号システムの開発に従事していたことから、暗号に興味を持ち、暗号に関する研究を始めたわけである。

その時点での暗号研究における未解決な問題とは、ネットワーク上で暗号鍵をいかに安全に分配するかということと、署名のある情報をネットワークでどうのように送るかということ

であった。後者については、ディジタル情報は簡単にコピーできるという特徴がある一方で、署名についてはコピーできにくいものでなければならないという背反的な課題があった。

これらの問題を解決するために、ディフィーは多くの研究時間を費やした結果、あるアイデアを生み出すに至った。そのきっかけは、もともと空軍で採用されていた航空機の敵味方判別システムを見学したときであった。

そのシステムでは、相手側と自分側との両方で、秘密鍵を共有するというものであった。具体的には、自分側から相手側に対して、乱数によって割り当てた数字列を送る。相手側は、送られてきた数字列を、秘密鍵を使って暗号化し、自分側へ送り返す。自分側は、秘密鍵で解読した数字列が一致していれば味方と判別するというものであった。

この仕組みを、ネットワークにおける情報の暗号化に適用したわけである。具体的には、次のようになる。

情報の提供者と情報の入手者との間で、秘密の文書をやり取りする場面を想定する。情報の入手者は、対になった暗号鍵を2つ用意する。対ということは、一方の鍵で閉めたら、もう一方の鍵でしか開けることができないことを意味する。ここでは、公開鍵（一般に公開）と秘密鍵（完全に非公開）とする。ネットワーク上で、情報入手者が、公開鍵を情報提供者に送る。情報提供者は、その公開鍵を用いて文書を暗号化する。その暗号文を、ネットワーク上で情報入手者に送る。その送信中に、万が一、別の者が故意的に暗号文を傍受したとしても、対

情報の入手者 　　　　　　　　　　　　　　　　　　　　情報提供者

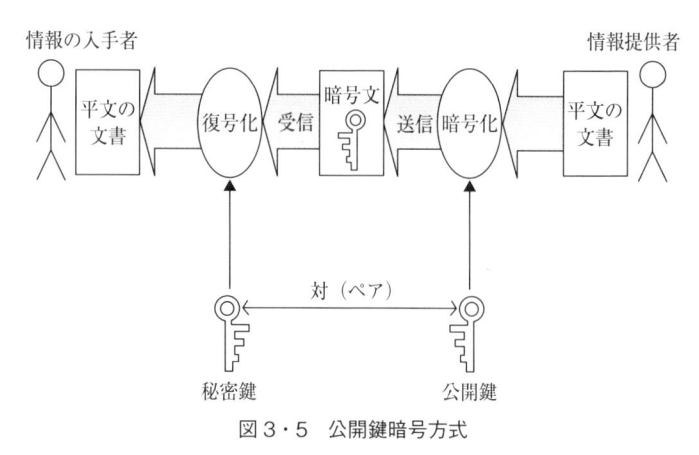

　　　　　　　　　　　　　　　　対（ペア）
　　　　　　　秘密鍵　　　　　　　　　　　　　公開鍵

図3・5　公開鍵暗号方式

となる秘密鍵がないことから復号できない。情報入手者は、自分が持っている秘密鍵で暗号文を復号する。これによって、最終的に文書を解読することができる（図3・5）。このような暗号化のやり方を、公開鍵暗号と呼ぶ。

　また、この方式は署名のディジタル化にも利用することができた。具体的には、AさんがBさんに署名が入った文書を送るとする。Aさんは、署名入りの文書を、自分の秘密鍵で暗号化する。その暗号文を、ネットワーク上でBさんに送る。Bさんは、Aさんの公開鍵をネットワーク上で取り寄せる。その公開鍵を用いて、暗号文を復号して文書を解読する。解読された文書からAさんの署名が現れる。これによって、Bさんはこの文書がAさんによって作られたことがわかるわけである。

　ディフィーは、出入りしていたスタンフォード大学のマー

ティン・ヘルマン (Martin Edward Hellman) 教授に、公開鍵暗号のアイデアを話した。それを聞いた教授は、米国電気電子技術者協会に論文を発表しようと持ちかけた。その結果、「暗号学の新しい方向 (New Directions in Crytography)」という論文が掲載された。ただし、この論文では、あくまで公開鍵暗号のアイデアに関する解説に終始し、どのように実現するかについては取り上げていなかった。

暗号ソフトウェア

ディフィーらのアイデアを実用化したものが、RSA暗号であった。RSAは、マサチューセッツ工科大学の助教授であったロン・リベスト (Ron Rivest)、アディ・シャミア (Adi Shamir)、レン・エーデルマン (Len Adleman) の頭文字をつなげたものであった。

彼らは、公開鍵暗号をあるアルゴリズムとして実現する方法についての論文をまとめ上げて、1977年に発表した。そのタイトルは、「ディジタル署名と公開鍵暗号入手方法 (A Method for Obtaining Digital Signature and Public-key Cryptsystems)」であった。これに合わせて、マサチューセッツ工科大学は特許申請を行った。それが、「RSA特許」であり、現在でも暗号技術の分野で存続している特許になっている。

一方、リベストらは、マサチューセッツ工科大学からRSA特許の独占使用権を取得した。それとともに、投資家たちから多額の資金を集めることに成功し、1986年にRSAデータセキュ

リティ（RSA Data Security, Inc）社を設立した。しかし、数年たっても、暗号ソフトそのものが売れない状況が続いたため、ついには倒産寸前の状態に陥ってしまった。

そんな中で、一つの転機が生じた。それは、ロータス社の製品であった Lotus Notes に、RSA データセキュリティ社の暗号ソフトウェアを適用するという契約を取り付けたことであった。Lotus Notes は、クライアントサーバシステムで動作するグループウェア製品であり、統合的なネットワークサービス（電子メール、電子掲示板、スケジュール管理、データベースなど）を提供する機能を持ったソフトウェアであった。その際に、ネットワーク上での秘匿性通信をどうするかが問題になり、RSA の暗号プログラムを組み込むことにしたわけである。これが、暗号ソフトウェアを取り入れた最初の製品となった。これ以降、他のアプリケーションソフトウェアにも徐々に組み込まれるようになった。

たとえば、ネットスケープナビゲータやインターネットエクスプローラなどの閲覧ソフトウェアにも暗号ソフトウェアが組み込まれた。これによって、個人情報である金融機関の口座番号や暗証番号、あるいは、クレジットカードの番号やパスワードなど秘匿性が必要となる情報については、すべて暗号化が図られた。これで、利用者は安心してインターネット上でのさまざまなビジネスサービスを受けることができるようになった。

このように、インターネット上では、秘匿性を保持した形での情報の受け渡しが頻繁に行われるため、暗号ソフトウェ

アはなくてはならない存在になっている。そして、現在では、RSA の暗号ソフトウェアが業界標準になったわけである。

NSA の圧力

　国家安全保障局（National Security Agency：NSA）は、米国国防総省の諜報機関であるが、長い間その存在自体が秘匿されていた。諜報機関であるがゆえに、暗号技術やセキュリティ技術あるいは盗聴技術などに関しては世界最高レベルにあるといわれていた。

　NSA は、暗号技術はそもそも公開する必要はなく秘密にすることで利用価値が高まるという方針を打ち出し、暗号に関する発表を規制するという措置を取り始めた。これには、暗号技術が普及し、誰でもが暗号を使うようになると、NSA としても通信の傍受や盗聴などができなくなるという危機感があったからである。このため、暗号技術の大衆化を阻止しようとしたのである。1990 年代に入ってからは、NSA は輸出管理法をたてに、暗号ビジネスを行う企業を厳しく管理する事態に及んだ。

　このような国家の圧力に対して、真っ向から対抗した人物が、フィリップ・R・ジマーマン・ジュニア（Philip R. Zimmermann Jr.）であった。彼は、公開鍵暗号のことを知り、自分でも独自に暗号ソフトウェアのプログラムを開発し始めたのである。

　1991 年、米国連邦議会に対して、上院 266 法案が提出され

た。これは、政府により暗号の使用禁止を定めようとする法案であった。具体的には、政府の捜査機関からの要請に対して、通信事業者は暗号化された情報の原文を提供せよというものであった。これによって、国民は、政府に対して、秘匿性を含む通信情報までも開示しなければならないという義務が生じることになる。

　そこで、ジマーマンは、この法案が成立する以前に、自分の開発している暗号ソフトウェアであるPGP（Pretty Good Privacy）を完成させて配布ようと考えた。このため、ひたすら日々プログラミングを行い、3カ月後には終えることができた。完成したPGPは、第三者によってインターネット上で公開されたことで、誰でもが自由に無料で使えるようになった。ちなみに、PGPによって暗号化された情報は、NSAがスーパーコンピュータを駆使しても解読できない代物であった。

　こうして、米国政府は暗号の拡散を阻止することができなかっただけでなく、インターネットを介して、またたく間に全世界に広がっていったわけである。

第4章

コンピュータの仕組み

　第3章までの内容は、ハードウェア、ソフトウェア、ネットワークに関する技術的な発展経緯という視点で取り上げてきた。いずれもコンピュータ自体に関わっているわけだが、そもそもコンピュータはどういうものであるかについては取り上げていない。そこで、この章では、コンピュータの仕組みや動作原理について取り上げることにする。

　コンピュータを利用する立場にあっても、その中身をまったく知らないままブラックボックスとして扱うのではなく、ある程度知ることによって（ホワイトボックスとまでにはならないにしても）グレーボックスとして扱うことができる。そうなれば、コンピュータを自分の生活で有効に活用できるわけだし、その利便性の恩恵を受けることができる。さらには、コンピュータのトラブルや故障などにも的確に対応できるようになる。

　そこで、ここではコンピュータ内部の仕組みについて明らかにすることで、コンピュータのグレーボックス化を図ることにする。これによって、コンピュータの本質がある程度理解でき

るとともに、コンピュータを健全に使いこなすことができるようになる。

4・1　情報の符号化

我々の日常生活では、長さ、面積、体積、速さ、加速度、質量、密度、圧力といった値に関して、10進数（時間に関しては60進数）を用いている。これに対して、コンピュータの内部では、すべてのデータを2進数で扱う。逆に言うと、コンピュータは2進数のデータしか処理することができないことになる。

データの対象には、数値だけでなく、文字、画像、動画、音などがあげられる。これらを、2進数に変換することを符号化（ディジタル化）と呼ぶ。

数値の符号化

10進数と2進数は、表1・1で示したような関係がある。この表を見てわかるように、10進数と2進数は相互に変換ができる。

たとえば、10進数の1234を2進数に変換してみる。まず、1234は偶数なので「0」とする。次に、1234を2で除算する。商は617で奇数なので「1」とする。617から1を引き、2で除算する。商は308で偶数なので「0」とする。308を2で除算する。以降、同様に、商が1になるまで除算を繰り返す。商が

1234（10進数）

値	判定	ビット	操作
1 2 3 4	偶数なので	0	2で除算
6 1 7	奇数なので	1	1を引き、2で除算
3 0 8	偶数なので	0	2で除算
1 5 4	偶数なので	0	2で除算
7 7	奇数なので	1	1を引き、2で除算
3 8	偶数なので	0	2で除算
1 9	奇数なので	1	1を引き、2で除算
9	奇数なので	1	1を引き、2で除算
4	偶数なので	0	2で除算
2	偶数なので	0	2で除算
1		1	終了

10011010010（2進数）

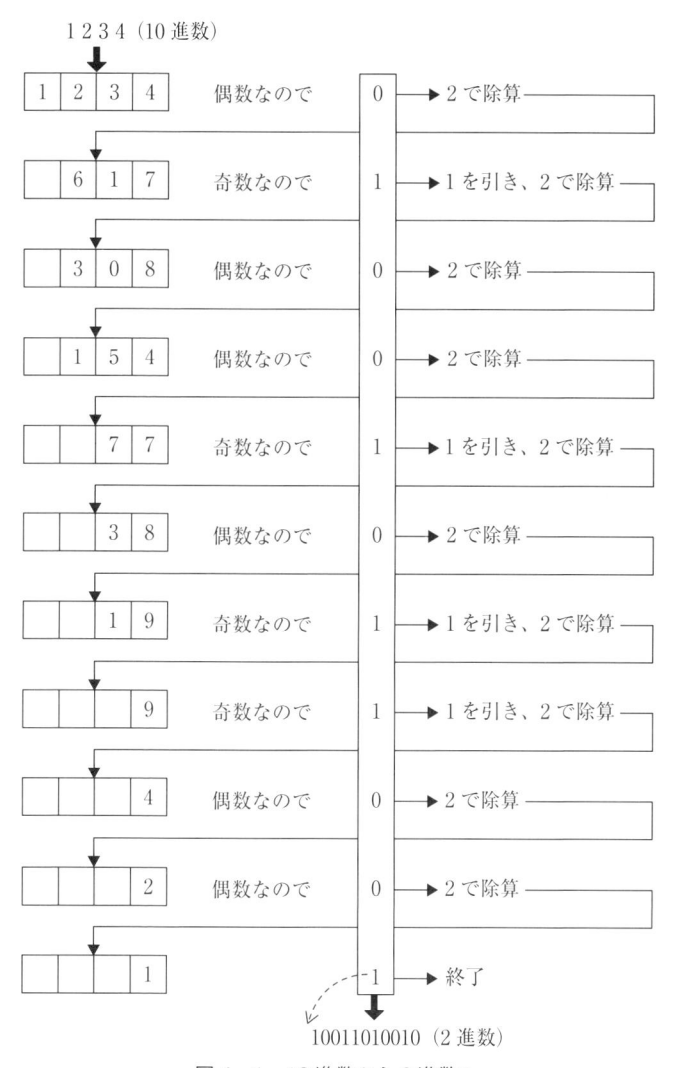

図4・1　10進数から2進数へ

1になったら「1」として終了する。この最後の「1」を最上位の桁とし、求めたかぎ括弧（「」）の値を、下位桁に向けて並べ直す。この結果、10011010010という2進数になる（図4・1）。

次に、2進数の10011010010を10進数に変換してみる。まず、積を0（初期値）とし、その積を2倍してから、2進数の最上位桁「1」を足して積に代入する。これより、積は0×2+1で1となる。次も同様に、その積を2倍してから、2進数の次の下位桁「0」を足して積に代入する。これより、積は1×2+0で2となる。以上の演算を、2進数の最下位桁まで行う。その結果、1234という10進数になる（図4・2）。

以上の進数変換は、何進数同士でも可能である。また、コンピュータの世界では、おもに2・10・16進数が用いられる。

この中の16進数は、0から15までの基数を扱うが、10以上は2桁表現となるので、10をA、11をB、12をC、13をD、14をE、15をFに置き換えて表す。つまり、0、1、2、…、9、A、B、C、D、E、Fを用いて16進数を表す（表4・1）。

16進数は、2進数の並びだとどうしても桁が長くなり、見にくくなるような場合の数値を表現する場合に用いられる。たとえば、以前のメインフレームコンピュータで動作するプログラムで漢字を扱う場合は、4桁の16進数コードを指定する必要があった。このため、漢字コード表を手元に用意してプログラミングを行っていた。また、プログラムのデバッグ（エラーを取り除くこと）の際に、プログラム実行時のメモリの内部コードを16進数で表示したダンプリストなどがあった。パソコン

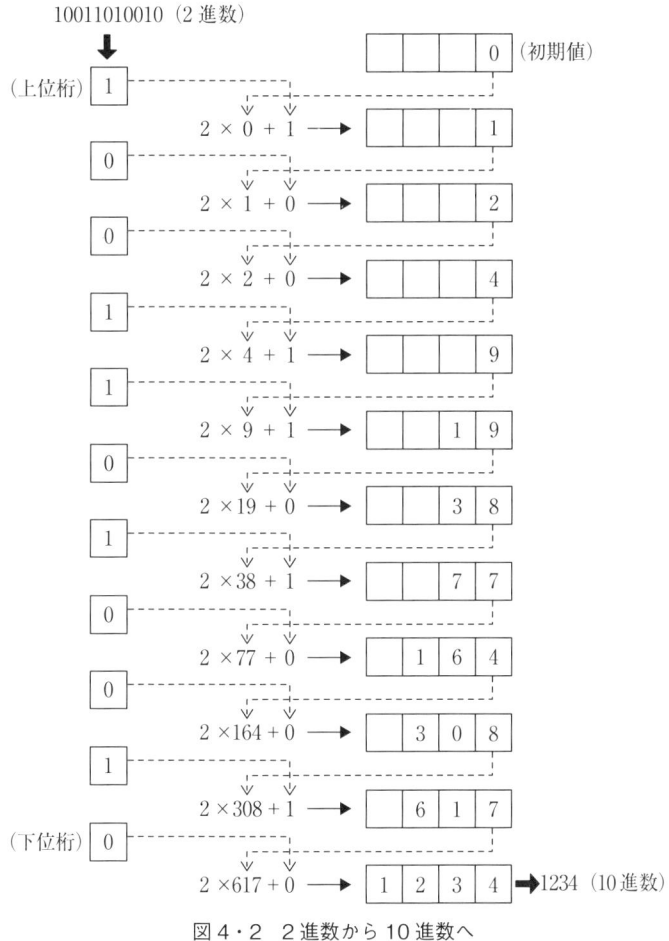

10011010010（2進数）

（上位桁） 1

$2 \times 0 + 1 \rightarrow$ 1

0

$2 \times 1 + 0 \rightarrow$ 2

0

$2 \times 2 + 0 \rightarrow$ 4

1

$2 \times 4 + 1 \rightarrow$ 9

1

$2 \times 9 + 1 \rightarrow$ 19

0

$2 \times 19 + 0 \rightarrow$ 38

1

$2 \times 38 + 1 \rightarrow$ 77

0

$2 \times 77 + 0 \rightarrow$ 164

0

$2 \times 164 + 0 \rightarrow$ 308

1

$2 \times 308 + 1 \rightarrow$ 617

（下位桁） 0

$2 \times 617 + 0 \rightarrow$ 1234 → 1234（10進数）

図4・2　2進数から10進数へ

表4・1　10進数と16進数

10進数	16進数
0	0
1	1
2	2
3	3
4	4
5	5
6	6
7	7
8	8
9	9
桁上がり→ 10	A
11	B
12	C
13	D
14	E
15	F
16	10 ←桁上がり

では、ワードプロセッサにおいて、利用者自身が字体を作れる外字登録時のコードに16進数が用いられた。

文字の符号化

　数値以外に、我々は言葉や言語なども用いている。それら文字そのものについては、コンピュータは直接理解することができないので、文字も2進数に符号化する必要がある。

　米国では、文字として、アルファベットと数値と記号を用いる。これらをすべて2進数に割り当てるには、2進数が何桁分

必要になるかを計算してみる。

　たとえば、2進数1桁では、0にA、1にBとなるから2文字を割り当てることができる。2進数2桁では、00にA、01にB、10にC、11にDとなるから4文字を割り当てることができる。2進数3桁では、000にA、001にB、010にC、011にD、100にE、101にF、110にG、111にHとなることから8文字を割り当てることができる。つまり、2進数1桁では2の1乗で2（$2^1=2$）、2進数2桁では2の2乗で4（$2^2=4$）、2進数3桁では2の3乗で8（$2^3=8$）と計算できることがわかる。すなわち、一般に、2進数n桁では、2のn乗（2^n）の文字を割り当てることができるのである。

　アルファベットは52個（小文字と大文字）、数値（計算しない文字として）は10個、記号（空白、四則演算子、等号、不等号、特殊記号など）は仮に40個とすると、合計で102文字となる。また、2の6乗で64（$2^6=64$）、2の7乗で128（$2^7=128$）となるから、2の7乗あれば102文字を割り振ることができる。つまり、米国の文字は2進数7桁で符号化することができる。

　一方、我が国では、アルファベット、数値、記号以外に、カタカナ、ひらがな、漢字と文字種が多い。これより、102文字以外に、カタカナ50文字、ひらがな50文字、（仮に）漢字1万文字とすると、合計1万202文字となる。また、2の13乗で8192（$2^{13}=8213$）、2の14乗で16384（$2^{14}=16384$）となるから、2の14乗あれば1万202文字を割り振ることができる。

つまり、わが国の文字は2進数14桁（実際には16桁）で符号化することができるのである。

なお、2進数1桁を1ビット（bit）、2進数8桁（つまり、8ビット）を1バイト（Byte、慣習として先頭のBは大文字で表記する）と呼ぶ。これより、わが国の文字は2バイトで符号化する。このような文字体系を持つ国々のことを、2バイト文化圏と呼ぶこともある。

以上の文字の符号化であるが、各国がバラバラに2進数のコードを割り振ると、互換性に関わる問題が生じることになる。とくに、国際間で文字を受け渡し合うような場合は、文字化け（コンピュータで文字を表示する際に、間違った形で表示されてしまうこと）が頻繁に起こってしまう。そこで、国際的に文字コードを規格制定する活動が進められてきた。

最初の文字コードは、テレックス時代に規格制定された国際電信アルファベット第2（International Telegraph Alphabet No.2）がある。これは、国際テレックスで用いられた5ビットの標準文字コードであった。

続いて、当時からコンピュータの技術開発が進んでいた米国のASCII（American Standard Code of Information Interchange）があげられる。ASCIIは、米国規格協会が1963年に規格制定した7ビットの文字コードであった（図4・3）。

わが国では、1バイトおよび2バイト系文字コードがそれぞれ規格制定された。具体的には、JIS X 0201（ローマ字、カタカナ）、JIS X 0208（第1・2水準漢字）、JIS X 0212（補助漢

b₇b₆b₅ → Bits b₄ b₃ b₂ b₁	Column Row ↓	0 0 0 0	0 0 1 1	0 1 0 2	0 1 1 3	1 0 0 4	1 0 1 5	1 1 0 6	1 1 1 7
0 0 0 0	0	NUL	DLE	SP	0	@	P	`	p
0 0 0 1	1	SOH	DC1	!	1	A	Q	a	q
0 0 1 0	2	STX	DC2	"	2	B	R	b	r
0 0 1 1	3	ETX	DC3	#	3	C	S	c	s
0 1 0 0	4	EOT	DC4	$	4	D	T	d	t
0 1 0 1	5	ENQ	NAK	%	5	E	U	e	u
0 1 1 0	6	ACK	SYN	&	6	F	V	f	v
0 1 1 1	7	BEL	ETB	'	7	G	W	g	w
1 0 0 0	8	BS	CAN	(	8	H	X	h	x
1 0 0 1	9	HT	EM	)	9	I	Y	i	y
1 0 1 0	10	LF	SUB	*	:	J	Z	j	z
1 0 1 1	11	VT	ESC	†	;	K	[	k	{
1 1 0 0	12	FF	FS	,	<	L	＼	l	|
1 1 0 1	13	CR	GS	-	=	M	]	m	}
1 1 1 0	14	SO	RS	.	>	N	^	n	~
1 1 1 1	15	SI	US	/	?	O	―	o	DEL

図 4・3　ASCII code chart

字)、JIS X 0213（JIS X 0208 に第 3・4 水準漢字を追加）などがある。

　JIS X 0201 は、日本工業規格（Japanese Industrial Standards：JIS）が 1969 年に規格制定した 1 バイト系文字コードである。規格の名称は「7 ビット及び 8 ビット情報交換用符号化文字集合」であるが、以前は JIS C 6220、俗称は ANK（Alphabet、Numerical、Katakana の頭文字を並べたもの）と呼ばれていた。これより、ラテン文字用図形文字集合とカタカナ用図形文字集合を合わせた文字コードになっている。

　ラテン文字用図形文字集合は、ASCII に準拠しているが、2 文字だけ異なっている。具体的には、1 文字目はバックスラッシュ「\」の代わりに円記号「¥」が、2 文字目はチルダ「˜」

の代わりにオーバーライン「ˉ」が、それぞれ割り振られている。

カタカナ用図形文字集合は、カタカナ（アからンまで）と、日本語用の記号（句点「。」、読点「、」、括弧類、中点「・」）、感嘆符「！」、疑問符「？」、長音符「ー」、米印「※」、ダッシュ「―」「〜」など）がそれぞれ割り振られている。

JIS X 0208 は、情報交換用の 2 バイト符号化文字集合を規格制定している文字コードである。規格の名称は、「7 ビット及び 8 ビットの 2 バイト情報交換用符号化漢字集合」であり、6,879 文字の図形文字を含んでいる。その内訳は、数字（10 文字）、アルファベット（52 文字）、ひらがな（83 文字）、カタカナ（86 文字）、ギリシア文字（48 文字）、キリル文字（66 文字）、漢字（第 1 水準 2,965 文字および第 2 水準 3,390 文字の合計 6,355 文字）、罫線素片（32 文字）、特殊文字（147 文字）となっている。

この中の第 1 水準漢字は、当用漢字を中心に、人名漢字、都道府県名および市区町村名に用いられる漢字を網羅するように選んでいる。第 2 水準漢字は、第 1 水準よりも使用頻度の少ない漢字が選ばれている。ただし、規格制定された 1978 年前後における使用頻度の状況が反映されていた。

JIS X 0212 は、補助漢字とも呼ばれ、JIS X 0208 に含まれていない 6,067 字の符号化文字集合を規格制定している。その内訳は、アルファベット 245 文字、特殊文字 21 文字、漢字 5,801 文字となっている。補助漢字の選定では、国文学研究資

料館の書誌データベースの構築における研究成果が反映されたことから、学術的な文字集合になっている。

　JIS X 0213 は、JIS X 0208 に、第3水準と第4水準を加えた文字集合である。規格の名称は、「7ビット及び8ビットの2バイト情報交換用符号化拡張漢字集合」であり、1万1,233の図形文字（JIS X 0208 に、4,354文字を追加）を含んでいる。

　具体的に追加された文字には、漢字群と非漢字群がある。漢字群には、第3水準漢字と第4水準漢字がある。第3水準漢字には、JIS X 0208 で字体が変更された29文字に、人名用漢字、常用漢字、地名、部首などが含まれる。第4水準漢字には、第3水準漢字以外でよく使われる漢字が含まれる。非漢字群には、ひらがな、カタカナ、ギリシャ文字、丸付き数字、ローマ数字、拡張ラテン文字、記述記号、音声記号、括弧記号、学術記号、単位記号などが含まれる。

　以上の文字集合に対して、文字符号化方式がある。文字符号化方式とは、文字ごとにコンピュータが使用できるデータ列に変換するための方式のことである。これには、JIS コード、シフト JIS（Shift_JIS）、拡張 UNIX コード（EUC）、Unicode などがある。

　JIS コードは、おもに電子メールなどに使われる日本語文字の符号化方式であり、ISO-2002-JP とも呼ばれる。対象となる文字集合には、JIS X 0201 の制御文字とラテン文字、ISO 646 の図形文字、それに、JIS X 0208 の1978年版（当初は、JIS C 6226-1978）と1983年版（これも当初は、JIS C 6226-1983）

および1990年版（ここからは、JIS X 0208-1990）があげられる。

シフトJISは、多くのパソコン（WindowsやMac OS搭載マシン）が扱うファイル中で使われる日本語文字の符号化方式であり、JIS X 0208の附属書1で規格制定されている。ある94文字×94文字の文字集合を、JIS XX 0201と併用できるように、文字コードをずらす方式を採用している。

拡張UNIXコード（Extended Unix Code：EUC）は、UNIXでよく用いられる文字コードのための符号化方式である。日本語EUCには、JIS X 0208をもとにしたEUC_JPとJIS X 0213をもとにしたEUC_JIS_2004がある。

EUC_JPのJPは、日本を表す国コードを示しており、UNIXの標準的な日本語の文字符号化方式として普及している。対象となる文字集合には、ASCII、JIS X 0208、JIS X 0201カタカナ、JIS X 0212補助漢字があげられる。

EUC_JIS_2004は、JIS X 0213の附属書3に記載されており、フリーソフトウェアやオープンソースソフトウェアで用いられることもある。対象となる文字集合には、ACSII、JIS X 0213第1面、JIS X 2010カタカナ、JIS X 0213第2面があげられる。

Unicodeは、世界中の各国で使われている文字を対象にした多言語文字集合とその符号化方式であり、ゼロックス社を含むユニコードコンソシアムによって策定された。当初の規格では2バイト表記であったが、部分的に3バイト以上を使用し

なければならなくなり、現在では4バイト表記（UCS-4）に拡張されている。これに合わせて、Unicode の符号化方式には、UTF-7、UTF-8、UTF-16、UTF-32 などがある。ハイフンの後ろの番号は、使うビット符号の単位を表している。

画像の符号化

　画像には、静止画と動画（あるいは、映像）がある。また、画像のデータ編成としては、格子状にピクセルという画素に分割するビットマップ形式と、方向と距離で図形を表すベクタ形式がある。ここでは、ビットマップ形式による画像の符号化について取り上げる。

　まず、符号化する画像を2次元の平面上に置く。平面上を、縦方向と横方向にある幅ごとにそれぞれ区切る。その区切った単位が画素に相当する。左上端の画素から右下端の画素に向かって走査しながら、各画素の表色を、ある基準にもとづく数値に置き換える。このことを、標本化と呼ぶ。

　次に、標本化した各数値に対して、一定の規則に基づいて整数値に変換する。このことを、量子化と呼ぶ。その上で、この整数値を2進数に変換することで符号化が行われる（図4・4）。

　ビットマップ形式の画像では、2次元の平面上の縦方向と横方向それぞれに対して、1インチあたりに何ドット分のデータがあるかによって解像度（dots per inch：dpi）を表す。解像度は、プリンタやスキャナといった出力装置の性能を示す単位としても使われている。

解像度 n×m（ドット）

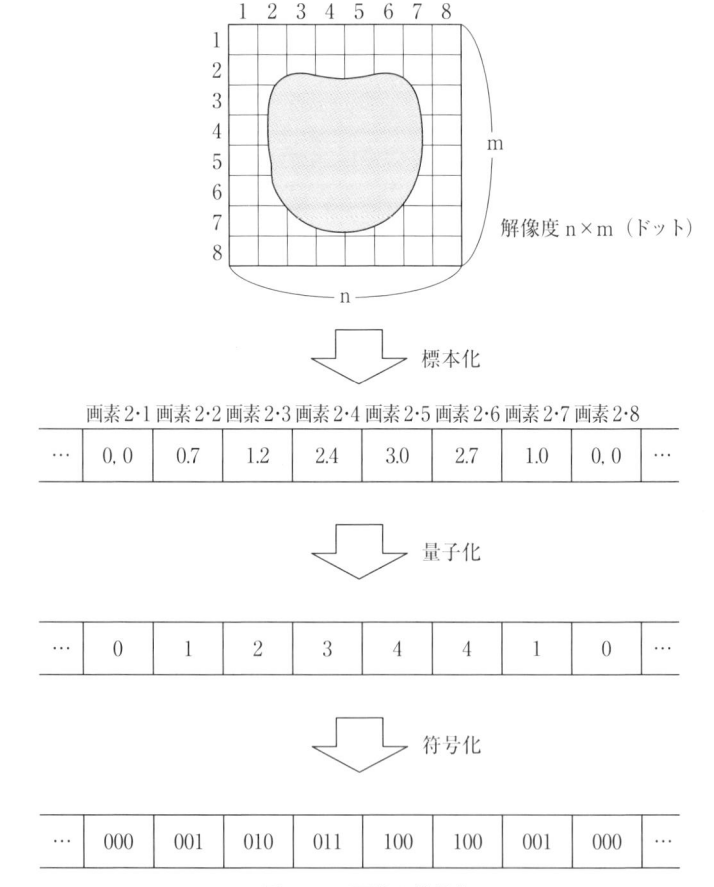

↓ 標本化

	画素2·1	画素2·2	画素2·3	画素2·4	画素2·5	画素2·6	画素2·7	画素2·8	
…	0.0	0.7	1.2	2.4	3.0	2.7	1.0	0.0	…

↓ 量子化

| … | 0 | 1 | 2 | 3 | 4 | 4 | 1 | 0 | … |

↓ 符号化

| … | 000 | 001 | 010 | 011 | 100 | 100 | 001 | 000 | … |

図4・4　画像の符号化

ビットマップ形式では、画像を拡大すると、境界部分がギザギザになったり、輪郭がぼやけるといった事象が現れる。この場合、画素の分割数を増やせば増やすほど（解像度を高くすればするほど）この事象は減少するが、ある程度で限界が生じる。そこで、より忠実に画像を再現するために、ベクタ形式へ変換する場合がある。

動画は、静止画を連続して高速に切り替えながら再生することで、動く画像として見えるメディアである。通常、テレビでは1秒間に静止画30コマ数分を、映画では1秒間に静止画24コマ数分を、それぞれ記録し再生することで動画として見せている。

ディジタル化した静止画さらには動画については、その記憶容量が非常に大きな値となる。このため、その記憶容量を減じることを、圧縮と呼ぶ。圧縮には、元のデータに完全に戻すことができる可逆圧縮と、元のデータに戻すことができない非可逆圧縮がある。

また、静止画の圧縮では空間方向だけを考えればよいが、動画の圧縮では空間方向だけでなく時間方向を考慮する必要がある。このように、圧縮のやり方も異なるわけだが、通常、静止画にはJPEG（Joint Photographic Experts Group）あるいはGIF（Graphics Interchange Format）、動画にはMPEG（Moving Picture Experts Group）といった圧縮方式をそれぞれ用いる。

音の符号化

　画像と同じように、音（音声や音楽）も符号化することで、コンピュータで処理できるようになる。音は、物の振動や生物の声などが、空気の振動（音波）として伝わっていくことで生じる自然現象である。音波の一つの波は、山と谷が一対となって構成される。また、1秒間に含まれる波の数を、周波数と呼ぶ。周波数の単位はヘルツ（hertz：Hz）で表し、1秒間で1回の周波数を1Hzと定義する。コンピュータの中央処理装置の性能には、クロック周波数が用いられる。音を符号化する手順は、次のようになる。

　まず、時間軸に対して、一定の間隔で区切る。この区切りに応じた波の箇所におけるアナログ信号の数値を、何らかの数値に置き換えた上で代表値として取り出す。このことを、標本化と呼ぶ。ここで、一定の時間間隔のことを標本化周期、1秒間に標本化した回数のことを標本化周波数と呼ぶ。

　次に、標本化した代表値を、一定の規則に従い整数値に変換する。このことを、量子化と呼ぶ。その際に、量子化レベルをより細かく設定することで音質が向上する。その量子化レベルの大きさの尺度を、量子化ビット数と呼ぶ。最後に、この整数値を符号化することで、音がディジタル化される（図4・5）。

　アナログ音は電気的なノイズが雑音として入ることで音質が劣化する場合があるが、ディジタル音ではデータの欠損がない限り音質は一定に保たれる。なお、パソコンにおける音声のアナログ／ディジタル変換には、パルス符号変調（Pulse

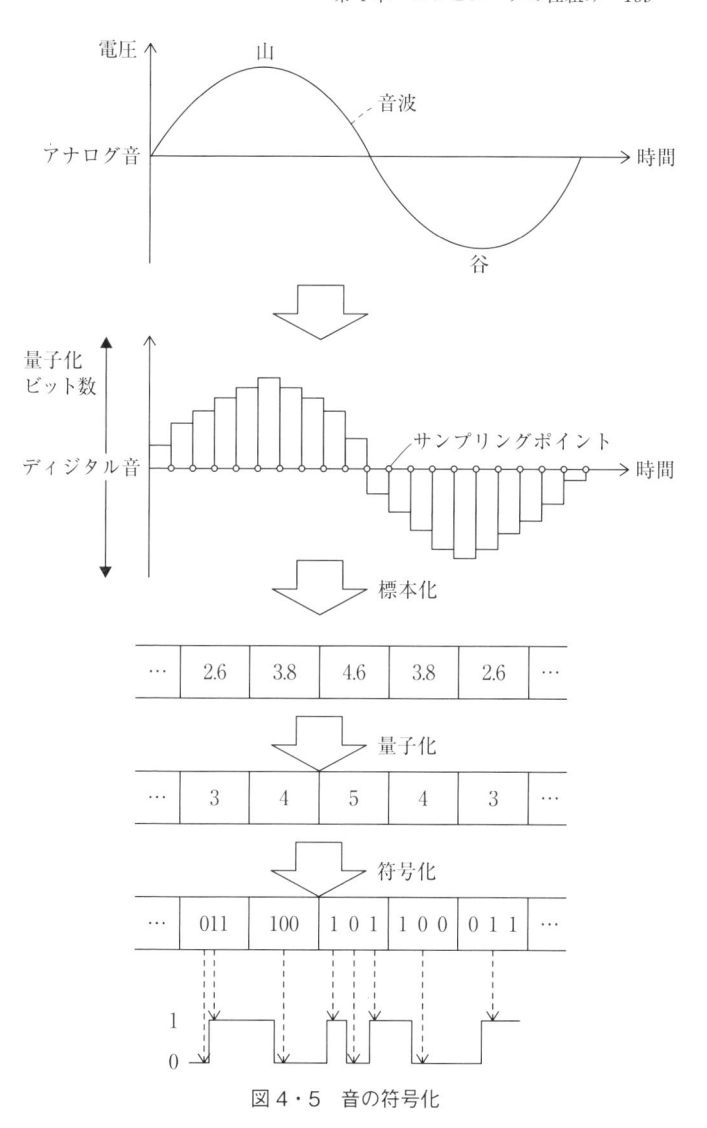

第4章 コンピュータの仕組み　109

| ... | 2.6 | 3.8 | 4.6 | 3.8 | 2.6 | ... |

量子化

| ... | 3 | 4 | 5 | 4 | 3 | ... |

符号化

| ... | 011 | 100 | 1 0 1 | 1 0 0 | 0 1 1 | ... |

図4・5　音の符号化

Code Modulation：PCM）や MIDI（Musical Instrument Digital Interface）が用いられる。

4・2　ディジタル回路の仕組み

現在利用されているコンピュータは、いずれもディジタル回路で実装されているので、ディジタルコンピュータと呼ばれている。

ディジタル回路とは、オンとオフといった異なる電位レベルによって、情報を表現する電子回路のことである。ディジタル回路の原理には論理代数が適用されている。最も基本となる論理回路のことを基本ゲート回路と呼ぶ。これらの基本的な回路を組み合わせることで、演算を行う組合わせ回路や情報を記憶できる順序回路を作ることができる。

論理代数

論理代数とは、命題に対して論理記号を用いて論理を表現するための理論である。

そもそも命題とは、ある事象に対して、正しい（真）かそうでないか（偽）のいずれかが厳密に規定できる叙述のことである。また、命題の真と偽を、真理値と呼ぶ。

たとえば、次のように規定できる。

・「1足す1は、2である」は、真の命題である。
・「日本の首都は、大阪である」は、偽の命題である。

・「今日は、気分がよい」は、命題ではない。

これらの命題は、1つだけでなく、複数を組み合わせて使うこともできる。その場合の叙述に対しても、真理値が存在する。命題論理では、こういった命題の組合わせにおける真理値を導出することが目的といえる。

複数の命題を組み合わせる場合は、その一つひとつを命題変数とするとともに、組合わせの関係を論理記号（表4・2）を用いて表す。

「＋」は論理和を表し、命題のどれか1つ以上が真（表中では「1」で表示）であれば、真となるORの関係である。意味としては、「または」になる。

「・」は論理積を表し、すべての命題が真のときだけ真となるANDの関係である。意味としては、「かつ」になる。

「ˉ」は論理否定を表し、いずれの命題に対しても真ならば偽（表中では「0」で表示）に、偽ならば真に、それぞれを否定するNOTの関係である。意味としては、「でない」になる。

「⊃」は含意を表し、命題同士の包含を示す関係である。意味としては、「ならば」になる。

表4・2　論理記号の真理値

命題X	命題Y	X＋Y	X・Y	$\overline{X}$	$\overline{Y}$	X⊃Y
0	0	0	0	1	1	1
0	1	1	0	1	0	1
1	0	1	0	0	1	0
1	1	1	1	0	0	1

論理関数

論理式とは、命題変数と論理記号によって表した式のことであり、次のように定義できる。

① 命題変数および0と1は、論理式である。
② L_1 と L_2 を論理式とすると、$L_1 + L_2$、$L_1 \cdot L_2$、$L_1 \supset L_2$ も論理式である。
③ Lを論理式とすると、$\overline{L}$ も論理式である。
④ 以上の①から③までを満たすものは、論理式である。

論理関数とは、2つ以上の論理式と論理記号を用いて表される論理式を、関数として定義したものである。論理変数に0か1の真理値を代入すると、その論理式の真理値が算出できる関係が成立する。

論理回路

論理回路は、これらの論理代数の関係をディジタル回路として実現したものである。その最も基本となるものが、基本ゲート回路である。基本ゲート回路の真理値表は、表4・3のようになる。

表4・3　基本ゲート回路の真理値

入力1	入力2	ANDゲート	ORゲート	NANDゲート	NORゲート	XORゲート
0	0	0	0	1	1	0
0	1	0	1	1	0	1
1	0	0	1	1	0	1
1	1	1	1	0	0	0

また、基本ゲート回路を MIL 規格（米国国防総省が制定した調達用の規格）で表したものが、図 4・6 である。

この中の AND ゲートは論理積を、OR ゲートは論理和を、NAND（Not AND）ゲートは否定論理積を、NOR（Not OR）ゲートは否定論理和を、XOR（eXclusive OR）ゲートは排他的論理和を、NOT ゲートは論理否定を、それぞれ表している。

これらの基本ゲート回路を組み合わせることで、いろいろな論理回路を作成することができる。

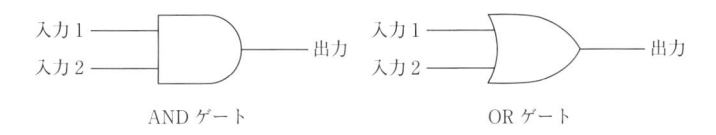

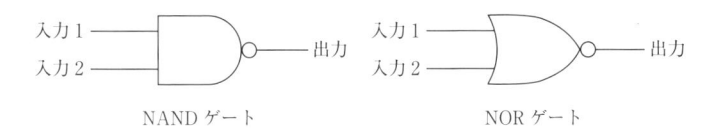

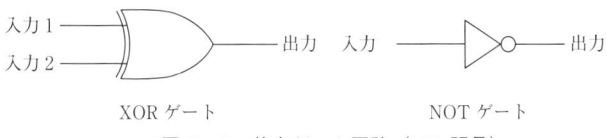

図 4・6　基本ゲート回路（MIL 記号）

組合わせ回路

　組合わせ回路とは、入力された電流の状態にもとづいて出力の状態が決定される論理回路である。したがって、過去の入力状態に依存することはない。これには、算術演算用の論理回路や論理演算用の論理回路などがある。

　ここでは、算術演算用の論理回路として、加算回路について取り上げる。加算回路は、数値同士の加算を行うための論理回路である。

　2進数1桁同士の加算では、0+0=0、0+1=1、1+0=1、1+1=10となる。これより、ともに1同士の加算のときに、上位への桁上がりが生じる。したがって、2桁以上の加算においては、下位からの桁上がりと上位への桁上がりの両方を考慮して計算しなければならない。このうち、上位への桁上がりだけを考慮したものが半加算回路であり、両方を考慮したものが全加算回路である。

　全加算回路は、3個の入力用論理変数と2個の出力用論理変数から構成される。そこで、入力用の論理変数として、加算値をL_1、被加算値をL_2、下位からの桁上がり値をL_3とする。また、出力用の論理変数として、加算結果の値をL_4、上位への桁上がり値をL_5とする。以上をもとに、真理値表（表4・4）を示す。

　表4・4の出力用論理変数に着目し、真理値が「1」となっている箇所において、入力用論理変数同士を論理積で表す。その際に、真理値が「0」の場合は論理変数の否定、「1」の場合

表 4・4 全加算回路の真理値表

L₁	L₂	L₃	L₄	L₅
0	0	0	0	0
0	1	0	1	0
1	0	0	1	0
1	1	0	0	1
0	0	1	1	0
0	1	1	0	1
1	0	1	0	1
1	1	1	1	1

はそのまま論理変数とする。さらに、出力用論理変数同士は、論理和で表す。具体的には、次のようになる。

L_4 について、真理値が「1」の箇所は、上から2番目、3番目、5番目、8番目である。2番目に該当する入力用論理変数の真理値に着目すると、$\overline{L_1} \cdot L_2 \cdot \overline{L_3}$ のようになる。同様に、3番目は $L_1 \cdot \overline{L_2} \cdot \overline{L_3}$、5番目は $\overline{L_1} \cdot \overline{L_2} \cdot L_3$、8番目は $L_1 \cdot L_2 \cdot L_3$ とそれぞれなることがわかる。以上より、これら4つの論理式を、論理和を用いて表すと、

$L_4 = (\overline{L_1} \cdot L_2 \cdot \overline{L_3}) + (L_1 \cdot \overline{L_2} \cdot \overline{L_3}) + (\overline{L_1} \cdot \overline{L_2} \cdot L_3) + (L_1 \cdot L_2 \cdot L_3)$

のようになる。次に、共通する論理変数（$\overline{L_3}$ と L_3）を括弧でまとめると、

$L_4 = (\overline{L_1} \cdot L_2 + L_1 \cdot \overline{L_2}) \cdot \overline{L_3} + (\overline{L_1} \cdot \overline{L_2} + L_1 \cdot L_2) \cdot L_3$

となる。ここで、$\overline{L_1} \cdot L_2 + L_1 \cdot \overline{L_2}$ は、排他的論理和を表しており、$L_1 \oplus L_2$ と記述することができる。また、排他的論理和の否定 $\overline{L_1 \oplus L_2}$ は、$\overline{L_1} \cdot \overline{L_2} + L_1 \cdot L_2$ となる。これより、

$L_4 = (L_1 \oplus L_2) \cdot \overline{L_3} + (\overline{L_1 \oplus L_2}) \cdot L_3$

となる。さらに、排他的論理和の関係を用いると、

$L_4 = (L_1 \oplus L_2) \oplus L_3$

となり、最終的に、

$L_4 = L_1 \oplus L_2 \oplus L_3$

と簡略化できる。

L_5 についても、同様にして、4つの論理式を論理和を用いて表すと、

$L_5 = L_1 \cdot L_2 \cdot \overline{L_3} + \overline{L_1} \cdot L_2 \cdot L_3 + L_1 \cdot \overline{L_2} \cdot L_3 + L_1 \cdot L_2 \cdot L_3$

のようになる。次に、共通する論理式（$L_1 \cdot L_2$）と論理変数（L_3）を括弧でまとめると、

$L_5 = L_1 \cdot L_2 \cdot (\overline{L_3} + L_3) + (\overline{L_1} \cdot L_2 + L_1 \cdot \overline{L_2}) \cdot L_3$

となる。ここで、排他的論理和の関係があるので、最終的に、

$L_5 = L_1 \cdot L_2 + L_3 \cdot (L_1 \oplus L_2)$

と簡略化できる。

以上をもとにして、全加算回路の構成を図4・7に示す。

順序回路

　順序回路とは、個々の出力が、過去の入力の順序に依存して決定されるという機構を持った論理回路のことである。このため、過去の入力や状態を記憶しておく必要があることから、何らかの記憶機能を持つことになる。これには、フリップフロップ回路がある。フリップフロップ回路をいくつか相互に接続することによって、レジスタ（置数器）やカウンタ（累計器）を作り出すことができる。

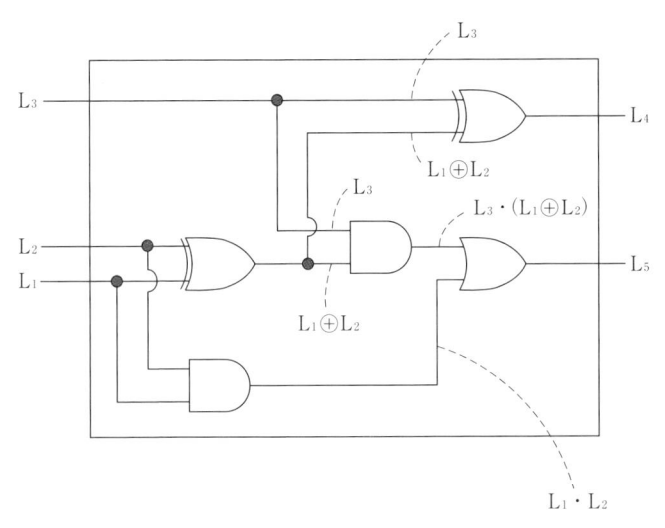

第4章　コンピュータの仕組み　　117

図4・7　全加算回路の構成

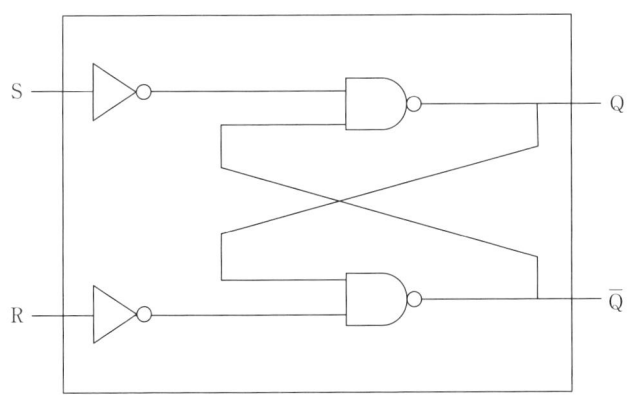

図4・8　RSフリップフロップ回路

フリップフロップ回路は、図4・8のような構成となっている。

入力状態には、セット入力とリセット入力がある。セット入力（S=1、R=0）になると、出力が1になるとともに、その後Sを0にしてもこの状態（Q）が保持されることから、セット状態と呼ぶ。一方、リセット入力（S=0、R=1）になると、出力が0になるとともに、その後Rを0にしてもこの状態（Q）が保持されることから、リセット状態と呼ぶ。なお、RとSに、同時に入力があると、出力は不定になる。このように、回路の状態をセットしたりリセットしたりすることができるので、RSフリップフロップと呼ぶ。その真理値表は、表4・5のようになる。

RSフリップフロップ回路では、2つの安定状態を持ち、一方の安定状態（セット状態）からもう一方の安定状態（リセット状態）へ、入力を切り替えることによって状態を遷移することができる。このように、0と1の入力状態の変化によって出力状態も変わるが、その際にタイミングのずれが生じると誤動作を起こすことになる。こういった誤動作を防ぐために、各論

表4・5 RSフリップフロップ回路の真理値

入 力		出 力
S	R	Q
0	0	保持
0	1	0（リセット状態）
1	0	1（セット状態）
1	1	不定

理回路同士で同期を取るためのクロックパルスを連動させる。クロックパルスとは、ある一定のタイミングにおいてクロック信号が1のときだけ状態を変化させるように制御するためのパルスである。

4・3 コンピュータの構成

第1章で取り上げたように、コンピュータにはいろいろな種類のものがあるが、ここでは我々にとって最も身近なパソコンを取り上げることにする。

パソコンの筐体を開けるとその中に、マザーボードと呼ばれる電子回路基板があることがわかる。この基板の上に、いろいろな部品が搭載されている。マザーボード以外には、中央処理装置（Central Processing Unit：CPU、以降はCPUと略す）、主記憶装置、補助記憶装置、データコネクタなどが装着されている。ここでは、それぞれの装置について取り上げる。

マザーボード

マザーボード（写真4・1）は、パソコンで必要となる電子部品類を装着するための基板である。これは、チップセット、CPUソケット、メモリソケット、電源、各種コネクタ、各種スロットなどの部品から構成されている。

チップセットとは、CPUとメモリあるいは周辺機器装置の間におけるデータのやり取りを管理するために、複数のLSI

写真4・1 マザーボード
出典：フリー百科事典『ウィキペディア (Wikipedia)』

を組み合わせたものである。最近のチップセットは、ノースブリッジ（CPUやメモリ、あるいは、グラフィックスチップを接続する機能を持つ）とサウスブリッジ（ハードディスクやUSBなどを接続する機能を持つ）の2つのチップ群で構成されていることが多い。

CPUソケットはCPUを、メモリソケットは主記憶装置を、それぞれ装着するための部品であり、マザーボードにはめ込まれている。コネクタには、IDE (Integrated Drive Electronics) コネクタやSATA (Serial Advanced Technology Attachment) コネクタといった、ハードディスクなどのドライブ装置のケーブルを接続するための差し込み口がある。スロットには、拡張カード（たとえば、サウンドカード、TVチューナーカードなど）を差し込めるPCI (Peripheral Component Interconnect) スロットやビデオカードを接続するAGP (Accelerated Graphics Port) スロットなどがある。

このように、マザーボードには、さまざまな部品が取り付けられるわけだが、より新しい部品に対応していること、および、いろいろな部品の増設が可能なことによって、そのパソコンの性能にも差が生じることになる。

CPU

CPUは、読んで字のごとく、コンピュータの中核となる役割を担う装置のことである。パソコンの筐体を開けてマザーボードを見ると、角が丸状の金属板で覆われた部品が装着されている。これがCPUであり、製造元であるインテル社、AMD社、IBM社などの企業名が表示されている。

CPUの性能を示す尺度単位として、クロック周波数がある。たとえば、クロック周波数が1GHzのCPUであれば、1秒間に10億回の動作をすることになる。つまり、クロック周波数の値が大きければ大きいほど、コンピュータの処理速度が速いことになる。

CPUは、プログラムカウンタ、命令レジスタ、汎用レジスタ、命令デコードユニット、算術論理演算装置（Arithmetic Logic Unit：ALU、以降ALUと略す）、浮動小数点演算装置（Floating Point number processing Unit：FPU）などから構成されている。

プログラムカウンタは、主記憶装置に格納されている実行可能プログラムの各命令を取り出すための番地を指定するためのレジスタである。プログラムの開始時には先頭番地が指定さ

れているとともに、順番に命令を読み込む場合には、命令の長さ分の値が番地に加算されることによって次の番地が設定される。

これに対して、分岐命令の場合には、それぞれの飛び先の番地がプログラムカウンタに設定される。また、関数呼出しの場合には、あらかじめ元に戻るための番地をスタックポインタに格納した後に、呼出し先の関数がある番地がプログラムカウンタに設定される。関数内の命令をすべて実行した後には、スタックポインタの値を取り出して、元の場所に制御を戻すことになる。

命令レジスタは、主記憶装置から取り出した命令を、一時的に格納するためのレジスタである。通常、命令は、命令部とアドレス部から構成されている。命令部には、CPUに処理させるための命令コードが格納されている。命令の種類には、四則演算、論理演算、シフト演算、条件分岐、ロード・ストアなどがある。アドレス部（オペランド）には、命令によって、実行時に使用するためのデータが格納されている主記憶装置の番地、演算結果を格納するための主記憶装置の番地、分岐先の番地などがそれぞれ設定される。

汎用レジスタは、命令ではなくデータを一時的に格納するためのレジスタである。これは、データの演算をCPUの中で高速に行えるようにするための機構である。演算ごとに、メインメモリからデータを読み出したり、（演算途中も含め）結果をメインメモリに書き込むというアクセス方式では、時間がか

かってしまい、処理効率が低下する。このため、汎用レジスタを設けることによって、メモリへのアクセスが少なくなるので、全体として実行速度を上げることができる。

命令デコードユニット（解読装置）は、命令の内容を解読した上で、命令の実行を行う装置である。

ALUでは、おもに、整数同士の加算・減算・乗算（除算は、エミュレーションにより実施）、論理演算（論理和、論理積、論理否定、排他的論理和）、ビットによるシフト演算などを行う。これに対して、FPUは、実数を扱う浮動小数点演算を行うための装置である。

命令が演算の場合は、アキュムレータ、オペランドレジスタ、条件コードレジスタといった各レジスタを用いて演算を行う。たとえば、命令が演算式「演算子＋被演算子＝演算結果」の場合、演算子をアキュムレータに、被演算子をオペランドレジスタにそれぞれ格納する。次に、ALUあるいはFPUによって演算が実行され、演算結果はアキュムレータに上書きされるとともに、条件コードレジスタに演算結果による桁あふれの状態などが格納される。

主記憶装置（メインメモリ）

マザーボードに、縦長の緑色の基板に黒色のチップが張られた部品が装着されている。これがメインメモリ（写真4・2）であり、CPUが直接アクセスすることができて、実行可能プログラムおよびデータを記憶するための装置である。

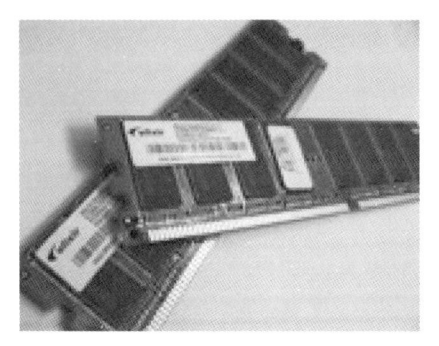

写真4・2　メインメモリ
出典：フリー百科事典『ウィキペディア（Wikipedia）』

　現在のパソコンにおける主記憶装置のサイズは、数ギガバイトに及ぶ。バイトは情報量を表し、8桁分のビット（bit：いずれも小文字で表す）の並びである。また、1024バイトは、1キロバイトに相当する。この「キロ」は10進数における1000を表すが、2進数では1024であり、たまたま1000に近いことから情報分野でも「キロ」と呼ぶようになった。これらの関係をまとめると、次のようになる。

1Byte（バイト）= 8bit（ビット）
1KByte（キロ）= 2^{10}Byte = 1024Byte
1MByte（メガ）= 2^{20}Byte = 1048576Byte
1GByte（ギガ）= 2^{30}Byte = 1073741824Byte
1TByte（テラ）= 2^{40}Byte = 1099511627776Byte
1PByte（ペタ）= 2^{50}Byte = 1125899906842624Byte

　主記憶装置には、RAM（Random Access Memory）とROM（Read Only Memory）がある。

RAMは、記憶されたデータを、読み書きともにランダム（任意の順序）にアクセスできるメモリのことである。これには、DRAM（Dynamic RAM）とSRAM（Static RAM）がある。

DRAMは、小容量のコンデンサの電荷としてデータを記憶する機構を持つ。このため、記憶しているデータが時間の経過とともに自然に放電し消滅してしまうので、一定時間ごとにデータを再書き込みするというリフレッシュを行う必要がある。リフレッシュを常に行っているため、SRAMに比べて消費電力が高い。

これに対して、SRAMはフリップフロップ回路を用いてデータを記憶するため、リフレッシュの必要がない。原理的にはDRAMよりも高速に動作するが、低速動作のときにはDRAMよりも消費電力が低い。

また、RAMの構造上の違いから、バイポーラ型とユニポーラ型に分けることもできる。バイポーラ型は、チップ上にトランジスタやコンデンサや抵抗を集積したもので、高速アクセスとなるが消費電力が大きくなる。ユニポーラ型は、シリコン上にユニポーラトランジスタを集積したもので、低速アクセスではあるが消費電力が小さくなる。

ROMは、記憶されているデータを読み出すだけの読み出し専用メモリである。このため、あらかじめデータを書き込んでおく必要があり、ROMライタという専用の機械で書き込みを行う。これには、マスクROMとPROM（Programmable ROM）がある。

マスクROMは、ROMの製造工程においてデータを書き込んでマスクするので、それ以降は書き込みや消去ができない。PROMは電気的な書き込みはできるが、消去はできない。なお、EPROM（Erasable PROM）は電気的な消去もできる。

パソコンにおける主記憶装置の利用については、CPUのビット数に依存する。パソコン黎明期では4ビットCPUから始まり、8ビットCPUそして16ビットCPUではアドレス空間が不足する事態が生じた。このため、EMS（Expanded Memory Specification）などのメモリ拡張仕様を用いることで、実際のアドレス空間よりも広い主記憶装置が利用できるようにした。32ビットCPUでは、4Gバイト（$2^{32}=$ 429496729632で約4G）のアドレス空間を利用できるが、仮想記憶の機構を取り入れたことで、32ビットのアドレス範囲よりも大きいメモリをアクセスできるようになっている。

補助記憶装置

補助記憶装置は、とりあえず実行しないプログラムやデータを記憶するためのサブメモリである。記憶容量は、比較的少量のものから大容量のものまであり、用途に応じて使い分けることが多い。ここでは、代表的な補助記憶装置のいくつかについて取り上げる。

ハードディスクドライブ（Hard Disk Drive：HDD）（写真4・3）は、最もよく使われている補助記憶装置であり、記憶容量は数百ギガバイトが主流であるが、大きいものではテラ

バイトに及ぶ。通常はパソコンに内蔵されているが、補助的に外付けにして使うこともできる。

　筐体は金属の容器に覆われており、内部には磁性体が装着されたディスク盤が複数枚重なっている。ディスク盤同士の隙間は、0.04～0.05マイクロメートル（1μm＝0.001mm）しかない。このため、ちょっとした衝撃やフィルタから侵入したゴミが磁気ヘッドに付着することでディスク面が削られることが故障の原因になることがある。これを防ぐために、筐体の中身は真空で固く密閉されていることから、ハードディスクと呼ばれている。なお、最近では、記憶素子に磁性体ではなく、半導体メモリを用いたディスクドライブを使用したソリッドステートドライブ（Solid State Drive：SSD）が開発されている。ランダムアクセスの性能が優れており、振動や衝撃に強いといった特長がある。

　光ディスクは、半導体レーザの反射によってデータを読み書

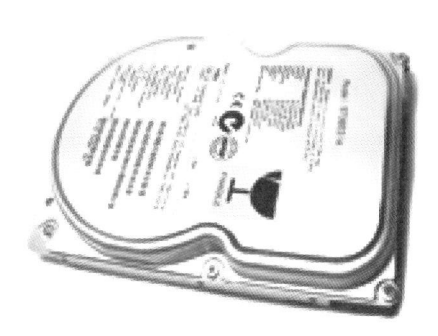

写真 4・3　ハードディスクドライブ
出典：フリー百科事典『ウィキペディア（Wikipedia）』

きする装置である。これには、CD（Compact Disk：CD）やDVD（当初は Digital Versatile Disk の略称だったが、現在は固有名称の扱いになっている）などがある。

　CD は、音楽記憶用として CD-DA（CD-Digital Audio）、コンピュータ記憶用として CD-ROM/-R（Recordable）/-RW（Re Writable）などがある。ディスク盤については、ハードディスクのように同心円状のトラック構造ではなく、内側から外側に向けてらせん状にデータを記憶する機構になっている。CD-ROM は読み出し専用であるが、CD-R と CD-RW は書き込みも可能である。ただし、CD-R については、データの消去ができず追記だけとなる。どうしても消去したい場合には、専用のドライブとソフトウェアが必要になる。CD-RW は、何度も読み書きが可能である。

　DVD は、音楽再生用として DVD-Audio、コンピュータ記憶用として DVD-ROM/-R/-RW/＋RW/RAM などがある。DVD-ROM は記憶専用であり、片面で 4.7GByte、両面で 9.5GByte などが一般的である。DVD-R は一度だけ書き込みが可能であり、記憶容量は 4.7GByte である。DVD-RW は何度でも読み書きが可能であり、記憶容量は 4.7GBye である。DVD＋RW は、ソニー社が独自仕様で開発しており、記憶容量は片面で 3.0GByte、両面で 6.0GByte である。DVD-RAM も何度でも読み書きが可能であり、記憶容量は現在のところ片面で 4.7GByte であるが、いずれは両面で 15GByte になるといわれている。

USB（Universal Serial Bus）メモリ（写真4・4）は、その筐体が小さいこと、コンピュータ本体に直接USBコネクタを介して接続する方式を採用していること、専用のドライブ装置を必要としないことなどから、利便性に優れていることが特長である。記憶容量は、時代とともに大容量化しており、現在は数メガバイトから最大256ギガバイトまでの製品がある。

SD（当初はSecure Digitalの略称だったが、現在は固有名称の扱いになっている）メモリカード（写真4・5）は、コンピュータだけでなく、ディジタルカメラや携帯機器、あるいは、カーナビなどの製品の補助記憶装置として幅広く使われている。SDの規格には、SDメモリカード用、miniSDカード用、microSDカード用がある。記憶容量は、現在は数ギガバイトの製品が主流である。

入力装置

コンピュータに対してデータを入力するための装置である。ここでは、キーボードとポインティングデバイスについて取り上げる。

キーボード（写真4・6）は、文字や数字や記号のキーが、ある順番に従って並べられている装置である。キーの配列には、JIS配列、新JIS配列、親指シフト配列、五十音順配列などがある。

JIS配列には、「JIS X6002情報処理系けん盤配列」と「JIS X6004仮名漢字変換形日本文入力装置用けん盤配列」がある。

130

写真 4・4　USB メモリ
出典：フリー百科事典『ウィキペディア（Wikipedia）』

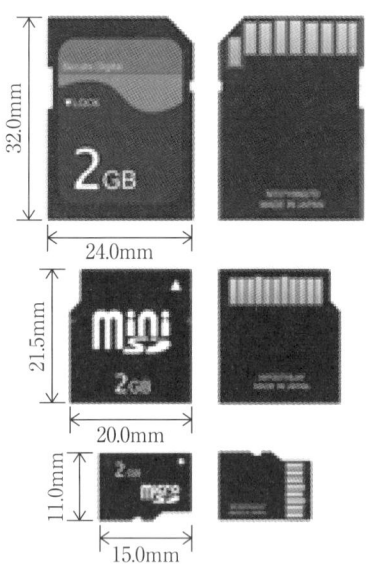

写真 4・5　SD メモリカード
出典：フリー百科事典『ウィキペディア
（Wikipedia）』

写真 4・6 キーボード
出典：フリー百科事典『ウィキペディア（Wikipedia）』

前者は（旧）JIS 配列、後者は新 JIS 配列と呼ばれる。新 JIS 配列は、親指シフト配列を JIS 化しないために別途策定された規格であったが、現在ではほとんど見られなくなった。

　JIS 配列のかなキーの並びについては、五十音が 4 段にわたって配置されているが、その並びについてとくに根拠はない。また、アルファベットキーの並びには、QWERTY 配列が採用されていることが多い。QWERTY 配列は、もともと欧州で使われていたタイプライターのキーの並びを踏襲している。ただし、理論的にキーの並びが決まっているわけではなく、人間の経験則に基づき決定されたという経緯がある。上段から 2 列目の列の左端から順に、Q、W、E、R、T、Y と並んでいることから、QWERTY（キュワティー）と称されるようになった。

　親指シフト配列は、富士通が独自に開発したキー配列である。キーボードの最も下の段の中央に、親指左キーと親指右キーがあることが特徴である。

　五十音順配列は、読んで字のごとく、あいうえお順にキーが

並んでいる。初心者にとっては、キーの位置がわかりやすいといえるが、日本語を入力しようとすると母音の並びが一列になり、かえって操作しづらいことが多い。当初のパーソナルワープロのキーボードに採用されたり、現在ではカーナビのタッチスクリーンに採用されている。

　以上のキーボードに対して、仮名漢字変換の入力モードとして、仮名入力かローマ字入力のどちらを選ぶかが問題となる。仮名入力は、キーボードの仮名キーを直接入力する方式である。このため、1打鍵によって仮名1文字が直接入力できるので速度が速くなると思われるが、仮名キーは五十音ありその並びを覚えるのに時間がかかることが多い。

　これに対して、ローマ字入力では、母音（a、i、u、e、o）以外、2打鍵で仮名1文字（KのキーとAのキーを順番に入力すると「か」の文字になる）を入力する方式になる。このため、2打鍵になる分入力に時間がかかる一方、キーの位置は26箇所だけ覚えればよい。QWERTYの並びは先人の経験をベースにしていることから、慣れてくると指がキーポジションを自然と覚える。ただし、日本人は文書をローマ字で考えているわけではないので、頭の中でローマ字に変換する際にギャップが生じる。とくに、小文字が含まれる言葉（たとえば、「しゅっちょう」など）では、キーの押し間違いを起こすことが多い。

　なお、QWERTY配列では、ホームポジションが推奨されている。これは、右手の人差指をJのキーに、左手の人差指をFのキーに、それぞれ置くことを基本位置とする。これに

よって、両指が均等に各キーを押すことができ、タッチタイピング（キーを見ずに画面を見ながら入力すること）が可能になる。

　ポインティングデバイスは、WYSIWYG（What You See Is What You Get）対応の画面上に表示されているアイコンやポインタなどを操作するための装置である。WYSIWYG（ウィジウィグ）は、コンピュータのインタフェース分野で使われる用語である。直訳すると「見たままのものが得られる」となるが、コンピュータで表示されたものと印刷されたものが一致するという意味である。

　マウスは、ねずみにその形状が似ていることから名付けられており、2次元の画面上の座標位置と移動距離を検知する仕組みを持つ。タッチパッドは、平面盤のセンサーを指でなぞることでマウスポインタを操作する部品である。トラックボールは、上の面に装着されているボールを手で回転させることによって、マウスと同じ操作ができる。

　ジョイスティックは、スティックと呼ばれるレバーによって方向の力ができる装置であり、おもにゲームのコントローラとして使われる。ペンタブレットは、板状のタブレットに専用のペンで座標位置を検知する仕組みを持つ。タッチパネルは、液晶パネルの画面を指で直接押すことで直感的な操作ができる。

出力装置

コンピュータに対してデータを出力するための装置である。ここでは、ディスプレイとプリンタについて取り上げる。

ディスプレイは、画面上に文書や図表あるいは画像を表示するための装置である。当初は陰極線管（Cathode Ray Tube：CRT）ディスプレイが使われていたが、現在では液晶ディスプレイ（Liquid Crystal Display：LCD）が主流である。CRTでは、電子銃を蛍光面に走査するため一定の距離が必要となることから、奥行きの分だけ筐体が大きくなる。これに対して、LCDは液晶を偏光板にはさみバックライトで表示するので、筐体が薄くてすむ。このため、ノートパソコンのディスプレイに搭載されるようになった。

ディスプレイ画面の大きさは、画面の対角線の長さをインチで表す。また、解像度は縦と横のドット総数で表す。たとえば、VGA（Video Graphics Array）モードで640×480、SVGA（Super-VGA）モードで800×600、XGA（eXtended Graphics Array）モードで1024×768、SXGA（Super-XGA）モードで1280×1024、WUXGA（Wide-Ultra-XGA）モードで1920×1200になっている。

ディスプレイの色は、光の3原色であるRGB（Red Green Blue）を、加法混色することで表示する。加法混色では、単色として赤・緑・青、赤と緑の混色で黄（イエロー）・赤と青の混色で紫（マゼンタ）・緑と青の混色で青緑（シアン）、赤と緑と青の均等混色で白、全く発光しない場合で黒、と計（$2^3=$）

表4・6　混色

赤	緑	青	混色
0	0	0	黒
0	0	1	青
0	1	0	緑
1	0	0	赤
1	1	0	黄
1	0	1	紫
0	1	1	薄青
1	1	1	白

0：発光なし　1：発光あり

8色をそれぞれ表すことができる（表4・6）。

これらの8色のそれぞれに対して、明るさを階調で表すとする。たとえば、薄いから濃いへを8ビット、つまり$2^8=256$階調で表すとする。具体的には、発光なしを00000000、最弱の発光を00000001、…、最強の発光を11111111とすると、全体では$(2^3)^8=2^{24}=16777216$色となる。この色を、トゥルーカラー（true colors）と呼ぶ。

プリンタは、紙上に文書や図表あるいは画像を表示するための装置である。当初はインパクトプリンタが使われていたが、現在ではノンインパクトプリンタが主流である。

インパクト方式では、物理的に紙にピンを打ちつけるため、打音により騒音が生じ、印刷速度が遅くなる。一方、ノンインパクト方式では、液状のインクを吹き付けて印刷するインクジェットプリンタと、レーザー光を当てて像を形作ってトナーにより定着させるレーザープリンタがある。いずれのプリンタ

も、インパクトプリンタより印刷速度が速く、印刷品質も高い製品が多い。

　プリンタの解像度は、1インチの直線をいくつの点によって表すかという尺度により、単位はdpi（dots per inch）を用いる。解像度が高いほど、印刷の品質がよいことになる。

　プリンタの色は、発光ではなく光の反射によって表示する。光が紙の表面のインクにあたり、ある波長の光だけがインクに吸収され、それ以外の波長の光が反射することによって色として認識するわけである。

　このため、色の3原色であるCMY（Cyan、Magenta、Yellow）を、減法混色することで表示する。減法混色では、単色として青緑・紫・黄、青緑と紫の混色で青、青緑と黄の混色で緑、紫と黄の混色で赤、青緑と紫と黄の均等混色で黒、色がない場合で白と計8色をそれぞれ表すことができる。

　これより、赤とシアン、緑とマゼンタ、青と黄は、それぞれ補色関係になっていることがわかる。このため、ディスプレイからプリンタに出力する際に、色の変換をする必要があり、それをプリンタドライバという専用のソフトウェアが行う。具体的には、白から赤のデータを減算すると青緑のデータに、白から緑のデータを減算すると紫のデータに、白から青のデータを減算すると黄のデータに、それぞれ変換できる。なお、実際のカラープリンタでは、CMYインクの色以外に、黒インクを別途用意していることが多い。この方が黒色をはっきりと印刷することができるからである。

データコネクタ

　パソコンを外部の装置類と接続するために必要となる装置類のことである。これには、パラレルポート、シリアルポート、USB、IEEE1394、イーサネットなどがある。

　パラレルポートとは、いろいろな周辺機器装置をケーブルで接続するためのインタフェースの一つであり、IEEE1284準拠である。IEEE1284とは、コンピュータと他の装置間における双方向のパラレル通信を規定している仕様のことである。

　シリアルポートは、シリアル通信方式のインタフェースであり、パソコンとモデムを接続するためのRS (Recommended Standard)-232がある。また、クロスケーブルを用いてパソコン同士を接続することもできる。

　USBは、コンピュータと周辺機器装置を接続するためのシリアルバス規格である。1個のバスに対して、ツリー状に配線できるUSBハブを用いると最大127台の周辺機器装置が接続できる。

　IEEE1394は、アップル社が提唱したFireWire規格を標準化した高速のシリアルバス規格である。

　イーサネットは、LAN (Local Area Network) の接続において利用されている技術規格である。TCP/IPプロトコルと組み合わせて使用するのが一般的である。

4・4 プログラミング言語処理系

第2章で取り上げたように、プログラミング言語は過去から数多く開発されてきている。現在でも使われているレガシー（古典的な過去の遺産）な言語がある一方で、新しいプログラミングパラダイム（たとえば、オブジェクト指向、コンポーネント指向、アスペクト指向など）を踏襲した言語もある。

このように、さまざまなプログラミング言語（スクリプト言語を含む）があるわけだが、コンピュータで動作する機構はみな同じである。それは、最終的にはすべて機械語に変換しなければならないということである。このことは、コンピュータが機械語しか解釈できないことを意味している。機械語は2進数の0と1の並びで表した言語であるが、この0と1を電流（あるいは電圧）のオフとオンに対応させることができる。この機構によって、コンピュータがプログラムで指示された通りの動作を実行することができるわけである。

プログラミング言語を機械語に変換する処理系のことを、プログラミング言語処理系と呼ぶ。プログラミング言語処理系には、翻訳と実行のタイミング差によって、インタプリタとコンパイラ（アセンブラを含む）がある。

インタプリタ

　プログラミング言語で記述された原始プログラム（ソースコードとも呼ぶ）を、逐次翻訳しながら実行する処理系のことである。このため、プログラムの実行手順が簡単になることからどちらかというと初心者向けであること、毎回逐次翻訳を繰り返すことから全体の実行速度がコンパイラよりも遅くなることが特徴である。

　インタプリタを採用しているプログラミング言語としては、レガシーなBASIC、Prolog、PHPなどがある。また、JavaScriptのように、当初はインタプリタだけだったが、実行速度を速めるために実行時にコンパイラで最適化するものもある。

コンパイラとアセンブラ

　プログラミング言語で記述された原始プログラムを一括翻訳してから連携編集した上で実行する処理系である（図4・9）。

　原始プログラム（あるいは、ソースコード）は何らかのプログラミング言語で記述されたプログラムである。通常、テキストベースのエディタを用いて原始プログラムを作成する。

　翻訳では、原始プログラムを入力して、キーワードのスペルチェックおよび構文チェックを行った上で間違いがなければ目的プログラム（あるいは、オブジェクトコード）を生成する。その際に、原始プログラムが、高級言語の場合の翻訳のことをコンパイル（compile）、アセンブリ言語の場合の翻訳のこと

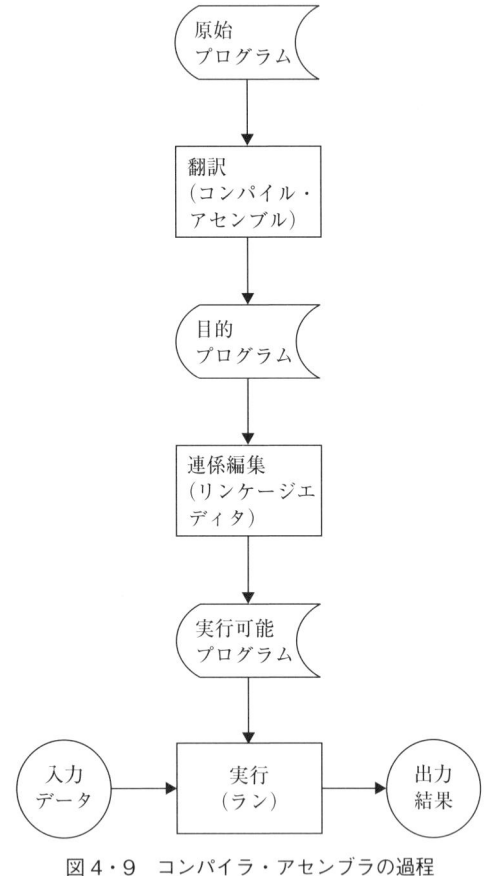

図4・9 コンパイラ・アセンブラの過程

をアセンブル（assemble）と呼ぶ。また、コンパイルするプログラムのことをコンパイラ（compiler）、アセンブルするプログラムのことをアセンブラ（assembler）と呼ぶ。

コンパイルの過程は、字句解析、構文解析、意味解析、最適化、コード生成というフェーズで進む。字句解析では、1ステートメントを字句ごとに分解する。字句は、プログラムの構文を構成する最小単位であり、名前、定数、キーワード、区切り記号などがあげられる。構文解析は、字句の並びから文の構成を調べ、文法的に正しいかどうかについてチェックする。意味解析は、字句の並びが持つ意味について解析する。以上の一連の解析を終えた上で、中間コードを生成する。

最適化では、中間コードに含まれる冗長的な部分を取り除く。また、プログラムの実行速度に関連する時間効率とメモリの大きさに関連する領域効率を向上させるように中間コードを再編成する。その結果として、目的プログラムを生成する。

目的プログラムはすべて機械語に変換されているが、部分的に未決定の番地が含まれており、実行することができない。連携編集では、目的プログラムを入力し、CALL命令やマクロによって呼び出しているサブルーチンやライブラリのプログラムを連結して、すべての命令の番地（実行アドレス）を割り振った実行可能プログラム（あるいは、ロードモジュール）を生成する。連携編集するプログラムのことを、リンケージエディタと呼ぶ。

実行可能プログラムに入力データを与えることで、プログラ

ムの実行が行われ、その結果が画面か帳表かファイルに出力される。

4・5　コンピュータの動作原理

今まで取り上げてきた内容をもとに、いよいよコンピュータがどのようにして動作しているのかについて、その内部機構を中心に取り上げる。

コンピュータを起動すると、ディスプレイにいくつか画面が表示されてから、デスクトップ画面が出てくる。その後、実行したいプログラムを起動する。その際に、コンピュータの内部ではどのような動作が行われているかについて明らかにする。

コンピュータの起動

コンピュータに電源を入れると、しばらくの間、カチャカチャとハードディスクにアクセスしている音が聞こえる。この間には、次のような動作が行われている。

電源が入ると、BIOS（Basic Input/Output System)-ROMに制御がわたる。このROMには、BIOSがあらかじめ記憶されている。BIOSは、ファームウェア（電子部品にあらかじめ組み込まれたハードウェアを制御するためのソフトウェア）であり、ハードウェアとの入出力を行うためのプログラムのことである。

そのBIOSが起動されると、CPUが内蔵している自己診断

プログラムを呼び出し、CPUとメインメモリの動作テストを行う。次に、マザーボード上のチップセットや各種ポートの設定を行う。

さらに、グラフィックスボード上のビデオROMが起動することで、それまで何も表示されていなかったディスプレイ画面に、さまざまな情報が表示されてくる。具体的には、メインメモリのすべての領域に関するテストの経過、サウンドボードやLANボードなどの設定状況、ドライブやディスクの設定状況などが、次々と表示される。

以上の一連の処理が終わってから、ブート（起動）するディスクを識別し、そこに記憶されているオペレーティングシステムの起動プログラムに制御をわたす。これによって、オペレーティングシステムの中核となるカーネルを起動するとともに、各種デバイスドライバを読み込む。

以上の一連の動作が終わると、ログオン画面が表示される。ここで、利用者はユーザIDとパスワードを入力する。これによって、利用者の設定情報が読み込まれ、デスクトップ画面が表示される。

ソフトウェアのインストール

オペレーティングシステムを含め、利用するソフトウェアは、すべてインストールしておかなければならない。

アプリケーションソフトウェアをインストールする場合、CD-ROMやDVDといったパッケージ製品か、Webサイトか

らのダウンロード製品かによって操作が異なる。

パッケージ製品の場合、本体の実行可能プログラム（exeファイル）以外に、インストーラを同梱していることが多い。インストーラを起動すると、ウィザード（操作ガイドが対話形式で表示される機能のこと）画面が表示される。ユーザは、ウィザードの指示に従って、対話形式でアプリケーションソフトウェアをインストールすることができる。インストールが終了すると、自動的にデスクトップにショートカットアイコンが生成される。

ダウンロード製品の場合、該当するWebサイトのURLを指定して閲覧を行う。ダウンロードのボタンをクリックすることで、ソフトウェアのダウンロードが行われる。これによって、自分のパソコンのハードディスクに格納される。

通常、ダウンロードしたソフトウェアは圧縮されていることが多く、圧縮・解凍ソフト（世界標準のZIPや日本製のLHAなどがある）を用いて解凍する。解凍すると、setup.exeファイルが入っているので、これを起動してセットアップを行う。

なお、ダウンロード製品の場合、オンラインユーザ登録を指示されることも多い。登録をすることで、その製品に関する各種情報が提供されたり、ヘルプデスクに問い合わせた際のユーザ認証を受けられる。

このように、必要となるアプリケーションソフトウェアを次々とハードディスクなどにインストールすることによって、いろいろな処理がパソコンでできるようになる。ただし、あま

りに多くのソフトウェアを搭載し過ぎると、ファットクライアント（fat client）化することになり、無駄な資源を確保しなければならなくなる。現在では、ネットワーク環境が整備されていることから、入出力程度しか持たないシンクライアント（thin client）も普及しつつある。

プログラムの実行

　出来合いのソフトウェアの場合は、実行可能プログラム（機械語に変換済み）で提供される。これに対して、自分でプログラミングした原始プログラムについては、プログラミング言語処理系を用いて実行可能プログラムに変換する必要がある。

　こうして用意された実行可能プログラムは、通常、補助記憶装置に格納されているが、実行する際には補助記憶装置ではなく、主記憶装置に配置する必要がある。そこで、ローダ（該当プログラムを起動し実行するプログラムのこと）が起動されて、実行可能プログラムが主記憶装置にローディングされる。

　このように、主記憶装置は、実行可能プログラムの命令とデータを一時的に格納するための装置である。主記憶装置では、一連のメモリアドレスが割り振られる。これによって、実行可能プログラムのすべての命令とデータが番地づけられることになり、CPUからそれぞれアクセスすることが可能となる。

　本来、メモリアドレスはビット列であり、機械語では直接2進数で指定しなければならなかった。この煩雑さを軽減するために、高級言語が開発されたという経緯がある。

高級言語を用いたプログラムでは、最初に使用する変数の宣言を行う。プログラミング言語によっても異なるが、通常は変数名とデータ型（整数か、実数か、文字か、文字列か、配列か、ポインタか、構造体かなど）を宣言する。この変数名が、メモリアドレスを修飾していることになる。これによって、実際の番地を指定することなく、名前を用いることでデータをアクセスすることができる。また、主記憶装置上では、データ型ごとに一定の長さを持った領域が割り当てられる。そこに、実際の値を格納することができる。

　データの値については、初期値として与えるか、代入分文で与えるか、演算式で与えるかのいずれかによる。プログラミングの例で、「x = x + 1;」といった代入文があるが、これは変数 x という領域に格納されている値に 1 を加え、その結果を変数 x に上書きするという意味になる。したがって、「=」はイコールではなく、右辺の値を左辺に代入することを表している。このため、変数同士（変数 x と変数 y）を入れ換える場合は、次のようにプログラミングすることになる。

　　w = x;　/*　変数 x の値を変数 w に退避させる　*/

　　x = y;　/*　変数 y の値を変数 x に上書きする　*/

　　y = w;　/*　退避していた変数 w の値を変数 y に戻す　*/

　このように、主記憶装置による制約が、プログラミングに反映されるわけである。

　CPU には、制御装置と演算装置がある。制御装置は、主記憶装置に対して命令やデータをアクセスするとともに、命令を

解読して、代入や演算、分岐や繰返し、あるいは、入出力、関数呼出しといった処理を実行する。

　演算装置は、命令が演算の場合に動作し、演算に必要となるデータを主記憶装置から読み出したり、演算結果を書き込むといった処理をつかさどる。

　入出力装置は、命令が入出力の場合に動作し、必要となるファイルやディスクに対してデータを読み出したり書き込んだりする。以上の関係を、図4・10に示す。

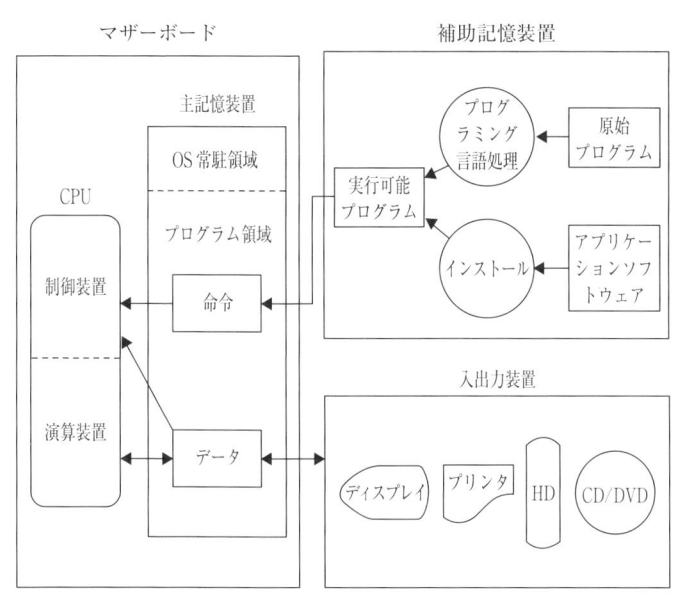

図4・10　各装置の関係

命令の実行

　以上のことを前提に、プログラムの1命令（加算命令の場合）がどのように実行されるのかについて取り上げる（図4・11）。

　プログラムの実行が開始されると、CPUにあるプログラムカウンタが、実行可能プログラムの先頭にある命令の番地をセットする。これにもとづき、該当する命令1を取り出し、命令レジスタに転送する。

　命令デコードユニットは、命令レジスタに格納された命令を解読する。その結果、無条件分岐でない場合には、命令の長さ分だけプログラムカウンタの値が加算される。これによって、次の命令を取り出すための番地がプログラムカウンタに設定されることになる

　命令は、命令コードとオペランドから構成されている。命令コードは、命令の種類が符号化したものであり、四則演算、シフト演算、論理演算、ロード・ストア命令、条件・無条件分岐などがある。ここでは、四則演算の加算命令とする。

　オペランドには、命令が使用するデータの番地が格納されている。指標レジスタを用いる場合であれば、指標レジスタ番号と変位が格納されている。指標レジスタ番号に入っている番地と変位を、アドレス加算器に入れる。すると、アドレス加算器が番地と変位を加算し、その結果をアドレスレジスタに格納する。これによって、主記憶装置にあるデータを取り出すことができる。

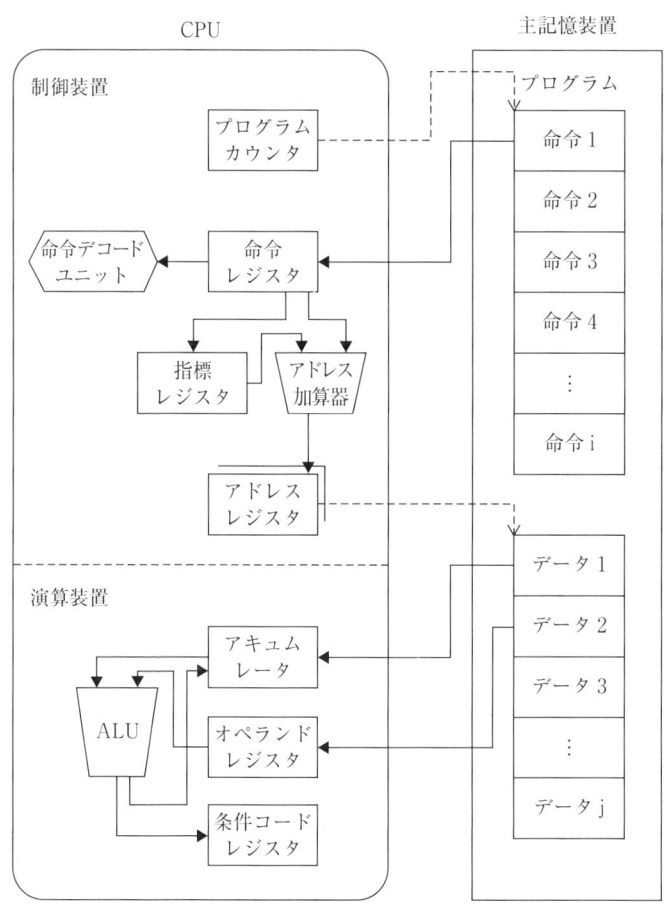

図 4・11　命令の実行

ここでは、主記憶装置から演算子（データ1）を取り出し、アキュムレータに転送する。同じく、主記憶装置から被演算子（データ2）を取り出し、オペランドレジスタに転送する。これら2つのデータがALUに入力されると、加算演算を実行する。加算結果は、アキュムレータに上書きされるとともに、条件コードレジスタに演算結果の状態コードが設定される。

こうして、命令1から命令iまで順番に実行され、最終的には停止命令（プログラミング言語によっては、「STOP RUN」のように明示的に指定するものもある）か、閉じ括弧「|」などにより、プログラムが終了する。

なお、プログラムが終了に至る前に、実行が停止する場合もある。このことを、異常終了（Abnormal END：ABEND アベンド）と呼ぶ。この原因には、演算式の右辺にある変数の値が未設定であることや除算におけるゼロ割などがあげられる。いずれもプログラミング言語処理系による翻訳では検出できないエラーといえる。もちろん、プログラミングしている人は、エラーがないことを前提にしている。このため、こういったエラーのことを、潜在的バグ（bug、虫という意味）と呼ぶ場合もある。また、プログラムを実行することでバグを取り除くことを、デバッグ（debug）と呼ぶ。

第5章

コンピュータの移り変わり

　コンピュータが誕生してから、まだ六十数年しか経過していない。それにもかかわらず、その技術革新は著しく発展しながら今日に至っている。たとえば、コンピュータの筐体を見ても、最初の頃はひと部屋分ほどの大きさを占めていたが、集積回路が改良され、その集積度が飛躍的に上がったことによって、最近ではパームトップといわれるまでコンピュータの小型化が進んでいる。こうして我々は、コンピュータをポケットに入れて持ち運びできる時代に生きているわけである。

　前章までで、ICTの発展経緯とともに、コンピュータの仕組みや動作原理について述べてきた。以上を踏まえた上で、ここでは、現在のコンピュータの特徴について取り上げるとともに、近未来のコンピュータがどうなるのかについて論じる。ただし、近未来については想像もつかない技術革新が登場することも考えられるので、未知の可能性が広がっていることも付け加えておく。

5・1 現在のコンピュータ

現在のコンピュータは、スーパーコンピュータ、メインフレームコンピュータ、サーバコンピュータ、ワークステーション、パーソナルコンピュータ、ラップトップコンピュータ、パームトップコンピュータ、マイクロコンピュータ、PDAと多岐にわたっている。これらは、筐体の大きさや性能、あるいは、利用形態によって使い分けされているが、動作原理そのものは変わらないだけでなく、共通する特徴がある。ここでは、その特徴について、いくつかの観点から取り上げる。

ディジタルであること

現在のコンピュータは、ディジタルコンピュータである。電圧の高い低いを物理的な表現形式に採用していることから、それを2進数に置き換えることによって内部的な動作を制御する方式がとられている。このため、プログラムもデータもすべて2進数に符号化される。

プログラムについて言えば、基本ソフトウェア（オペレーティングシステム）および応用ソフトウェア（アプリケーションソフトウェア）を構成するすべてのプログラムは、プログラミング言語処理系によって2進数の並びである機械語に変換される。

また、手続き型プログラミングにおけるアルゴリズムにも、

2値論理が適用される。条件分岐命令（if文）では、分岐条件が真（1）と偽（0）の場合で分岐先が異なる処理手順となる。繰り返し命令（while文やdo while文など）では、繰り返し条件が真（1）ならば繰り返し、偽（0）ならば繰り返しから脱出するという処理手順となる。

もし繰り返し条件を間違えたり、繰り返す処理の中で繰り返しを終えるフラグの設定を間違えると、いつまでも同じ処理を繰り返すことになる。このことを、無限ループと呼ぶ。無限ループに陥った場合は、人間（オペレータあるいはプログラマ）かオペレーティングシステム（タイムアウト制御）により、強制的にプログラムの実行を停止させる必要がある。

データについても、コンピュータが扱うものはすべて2進数に変換される。具体的には、数値は基数変換され、文字は文字コードに、図形はベクトルデータ形式に、画像はビットマップ形式かベクター形式に、音はパルス符号変調（Pulse Code Modulation：PCM）に、それぞれ符号化される。

プログラム内蔵であること

コンピュータに実行させたい処理手順は、アルゴリズムとして表すことができる。アルゴリズムは、問題を解決するための手順を定式的に表現したものである。その表現には、擬似言語や図形（流れ図や構造化図）などが用いられることが多い。これらによって、アルゴリズムを可視化しようとする試みが取り入れられた。このアルゴリズムを、何らかのプログラミング言

語によって記述したものがプログラムである。

　ENIACでは、プログラムに相当する手続きを、スイッチと配線の組み換えによってその都度与えていた。しかし、これでは手間がかかるだけでなく、煩雑な操作から間違いが多発するという問題があった。

　そこで、あらかじめ作成したプログラムをコンピュータの記憶装置に記憶させるという方式がノイマン（John von Neumann）によって考案された。このことを、プログラム内蔵と呼ぶ。ノイマンは、ハンガリーの数学者であったが、数学だけでなく、物理学や経済学、心理学そして計算機科学など、さまざまな分野において研究業績を上げるとともに、学問的な影響を与えた人物であった。

　プログラム内蔵によって、あるプログラムを記憶させておくことで、何度でも同じ処理を実行することができるだけでなく、用途に応じて記憶装置内のプログラムを入れ換えることで、いろいろな処理を実行することが可能になった。これによって、コンピュータの汎用的な利用が実現されたわけである。

　当初のコンピュータでは、利用者が自分でプログラムを作成することが多かった。このため、パソコンには、あらかじめBASICインタプリタが搭載されており、コンピュータを起動するとBASICのソースコードが入力できる画面が表示されるという時代もあった。しかし、途中から、さまざまなプログラムが開発され、それらが利用できるようになってきた。このた

め、利用者自らがわざわざプログラムを作成することなく、多種多様の出来合いのプログラムが利用できるようになった。

　それだけでなく、インターネットの普及にともない、プログラムのダウンロードが簡単にできるようになるとともに、プログラムの無償化が進んでオープンソースソフト（プログラムのソースコードを公開したソフトウェアのこと）が公開されるようになった。

　一方、プログラム開発の GUI 化が進み、直感的な操作に基づくビジュアルプログラミングができるようになった。これより、利用者が Visual BASIC などを用いて比較的簡単にプログラムを作成できるようになってきた。

　このように、現在では、多くの出来合いのプログラムを利用したり、オリジナルのプログラムを容易に作成することができるようになった。我々は、これらのプログラムを、プログラム内蔵方式のコンピュータによって自由自在に使えるようになったわけである。

　以上のようなプログラム内蔵方式を採用しているコンピュータのことを、ノイマン型コンピュータと呼ぶ。

逐次制御であること

　CPU にあるプログラムカウンタ（逐次制御カウンタ（Sequential Control Counter：SCC）と呼ぶ場合もある）が、逐次制御をつかさどる。

　実行可能プログラムを起動すると、プログラムカウンタに、

主記憶装置に配置された実行可能プログラムの先頭にある命令の番地が設定される。これによって、先頭の命令がCPUの命令レジスタに転送される。続いて、命令デコードユニットが命令を解読する。

条件分岐あるいは無条件分岐の場合は、それぞれ飛び先の番地をプログラムカウンタに設定する。

サブルーチンや関数呼び出しの場合には、プログラムカウンタの内容をスタックポインタに一時的に保管するとともに、サブルーチンや関数が配置されている主記憶装置の番地をプログラムカウンタに代入する。これによって、呼び出されたサブルーチンあるいは関数に制御が渡る。それぞれの処理がすべて終了すると、スタックポインタに保管していた値を取り出し、プログラムカウンタに代入する。これによって、呼出し元に制御を復帰させることができる。

これら以外であれば、1命令の長さ分の値をプログラムカウンタに加算する。これによって、主記憶装置において物理的に並んでいる次の命令の番地が参照できるようになる。

このようにして、プログラム内のすべての命令が一つずつ順番に実行されていくので、逐次制御と呼ぶ。

なお、現在のコンピュータでは、主記憶装置にプログラムの命令を格納するため、命令の実行には逐次バス（各装置がデータを交換するための共通の経路のこと）を経由して主記憶装置にアクセスしなければならない。このため、いくらCPUの処理速度が速くても、主記憶装置のアクセス速度が向上しない

とコンピュータ全体としての性能は保障されない。このため、キャッシュメモリ（高速の小容量メモリのこと）の採用などにより、パフォーマンスの改善が図られている。

いずれにしても、このようにCPUと主記憶装置間を結ぶ経路の転送速度に差があることから、コンピュータ全体の処理速度が低い方に合わせられることを、ノイマンズボトルネックと呼ぶ。通常、ボトルは首（ネック）の部分が細くなっており、これによって瓶から注ぎ出す量が少なくなる。このことを比喩した造語である。

非自律的であること

コンピュータが指示された処理を実行するためには、その処理の手順を、あらかじめ人間が考え出してプログラムという形でコンピュータに与えておかなければならない。

電源を入れてから動き出すブートプログラムをはじめ、オペレーティングシステムさらにはアプリケーションソフトウェアを構成するプログラム、あるいは、利用者が作ったプログラムなど、いずれも人間が処理手順を1ステップずつ組み合わせて作り上げている。このため、人為的過誤や勘違いなど意図しない結果を生み出してしまう人間の行為の結果、プログラミングにおいて潜在的バグが入り込むことになる。そのようなバグをデバッグという作業によって取り除くことが必要である。

いずれにしてもコンピュータは、人間が作成したプログラムによってのみ動作することになるわけで、プログラムで指示

された命令以外の処理を実行することができない。このことから、現在のコンピュータは「非自律的な人工装置」といえるわけである。

しかし、非自律的であるがゆえに、コンピュータは人間にとってよき道具ともなり得る。コンピュータは、電源さえ供給されていれば、(有限の時間内ではあるが)いつまでも同じ処理を繰り返すことができる。人間ならば飽きてしまうような単純作業に対しても、コンピュータは、指示通りの手順を繰り返す。しかも、途中でミスすることもなく…。

たとえば、レミントンランド社が開発した世界初の商用コンピュータUNIVAC Iは、米国国勢調査局に納入され、国勢調査の計算を行ったり、大統領選挙での開票予想などを行った。いずれも大量のデータを、人間よりも正確に、かつ、短時間に処理できたわけである。

膨大な計算処理を可能とするスーパーコンピュータもしかりである。たとえば、天気予報では、過去の天気データ、および、各地域や地点(陸上、海上、上空)での天気状況(気圧、風向、風速、温度、湿度など)といった情報を収集し、これらをもとにして天気の予測結果を導き出す。その際に、できるだけ多くのデータを収集して解析することで、より精度の高い天気予報となり得る。人間の手だけでは到底不可能な計算量であるが、スーパーコンピュータは指示通りに計算を行う。

理論体系を持つこと

　コンピュータの原型をたどると、第1章 1・1で取り上げたアラン・チューリングが提唱したチューリング機械に行きつく。それだけでなく、チューリングは、計算機を数学的に導き出すための理論についても探究した。具体的には、計算可能性理論（どのような計算問題が解けるか、計算可能な問題のクラスは何か）や計算複雑性理論（計算問題を解く際の困難さを計算量として扱う）などがあげられる。その結果、計算理論という学問領域が確立されるに至った。

　また、他にもいくつかの計算に関した基礎理論が生み出され、それらを体系化することでコンピュータ科学という新しい学問が認知されることとなった。具体的には、コンピュータ科学は、数学、情報理論、オートマトン、形式言語理論、計算理論などから構成される。

　数学では、集合論、組合わせ論、グラフ理論、数理論理学があげられる。集合論には、集合、集合演算、関係、関係演算などが含まれ、集合論はデータベース検索に、関係と関係演算は関係データベースに応用されている。組合わせ論には、順列、組合わせ、確率、確率分布などが含まれ、確率は情報源符号化や通信路符号化に応用されている。グラフ理論には、グラフ、連結性、ラベル付きグラフ、重み付きグラフ、木などが含まれ、いずれもデータ構造とアルゴリズムに応用されている。数理論理学には、命題論理、述語論理、様相論理、ブール代数などが含まれ、ブール代数は論理回路の設計に応用されている。

情報理論では、2元符号化、情報源符号化、通信路符号化などがあげられる。2元符号化には、2進数表示、補数変換、2進化10進符号などが含まれ、各種文字コードやAD（アナログ・ディジタル）変換に応用されている。情報源符号化には、情報源、情報源符号化定理、ハフマン符号化、ラン長符号化、算術符号化などが含まれ、符号圧縮法に応用されている。通信路符号化では、通信路符号化定理、誤り訂正符号、線形符号、巡回符号、畳込み符号などが含まれ、パリティチェックやCRC（Cyclic Redundancy Chech）などに応用されている。

オートマトンでは、有限オートマトン、チューリング機械などがあげられる。有限オートマトンには、正則言語、正規文法、非決定性有限オートマトンなどが含まれ、状態遷移図で表すことができる。チューリング機械には、プッシュダウンオートマトン、万能チューリング機械などが含まれ、万能チューリング機械は現在のコンピュータの原型になっている。

形式言語理論では、句構造言語と文法、文脈依存言語と文法、文脈自由言語と文法、正規言語と文法、チョムスキー階層などがあげられる。これらの中で、文脈自由文法を定義するためのメタ言語であるバッカス・ナウア記法（Backus-Naur Form：BNF）は、プログラミング言語の一つであるALGOL60の文法を定義するために考案されたという経緯がある。

計算理論では、計算量理論、計算可能性などがあげられる。計算量理論には、時間計算量、領域計算量、O記法、P問題と

NP問題などが含まれ、いずれもプログラムの良し悪しの判定に応用されている。計算可能性には、停止問題、部分正当性、検証理論などが含まれ、いずれもプログラムの基礎理論に相当する。

　これらの各基礎的な理論を基盤とした実用技術が開発され、コンピュータという製品に組み込まれてきた。これより、現在のコンピュータは、コンピュータ科学という学問体系をもとに実装されているというバックボーンが存在するといえる。

　このため、わが国の大学においても、コンピュータ科学を専攻する学科（計算機科学科、情報科学科など）が1970（昭和45）年から設置されており、そこではコンピュータ科学を中核としたカリキュラムによる専門教育が実施されている。

5・2　これからのコンピュータ

　5・1で述べたように、今日のコンピュータはノイマン型コンピュータとも呼ばれている。これに対して、非ノイマン型コンピュータと呼ばれる新しいアーキテクチャによるコンピュータも研究されている。ここでは、過去から話題となってきた新しいコンピュータに関するトピックスを取り上げた上で、次世代コンピュータについて概観する。

2001年宇宙の旅

これは、映画のタイトルであり、1968年に米国で初上映された。原作者であるアーサー・C・クラーク（Sir Arthur Charles Clarke）と映画監督であるスタンリー・キューブリック（Stanley Kubrick）によって作られた映画作品である。

最初のシーンは、猿同士の争いの場面である。そこに、突然謎の物体が出現する。それを見た1匹の猿が骨を握りしめて、相手の猿を殴りつけた。このことは、猿が道具を使い始めたことを意味し、猿が人間に進化するきっかけを象徴した場面である。そして、ある猿が勝利に興奮して、骨を空高く投げ上げる。

その途端に場面がガラッと変わり、月にある基地が映し出される。基地の近くのクレータで、謎の物体（「モノリス」と名付けられる）が発掘され、そのモノリスが木星に向けて強力な信号を発していることがわかる。そこで、木星に向けてボーマン船長と4名の船員よる探査隊が結成され、宇宙船ディスカバリー号が登場する。

このディスカバリー号に、人工知能HAL9000型コンピュータが搭載されている。HALは、宇宙船のすべての制御をつかさどっている。その中には、3名の船員の人工冬眠システムの制御も含まれていた。

HALは、人工知能を持つことから、思考ができ、人間との会話もでき、さらには感情までも持つ。船長らとは自然言語による会話を行い、指示されたことを的確に実行する従順なコン

ピュータであ（るはずだ）った。

　実は、HALにだけ、単なる木星探査ではなくモノリスの探査であることがプログラムされており、しかも船員たちには極秘にせよと指令されていた。この矛盾に耐えられなくなったHALは、ある時、宇宙船が故障したと船長に告げるが、調べてみたところ何の問題もないことがわかった。

　このことから、ボーマン船長はHALの異常を感じ取り、他の船員と話し合う。その結果、ボーマン船長らは、HALを自律運転ではなく手動運転に切り替えることを決定する。そのときに、HALに聞こえないようにと、わざと宇宙船に搭載されている小型探索カプセル船の中で話し合う。その会話を、HALは視覚センサーから、人間の口の動きで読み取ってしまう。

　HALは自分が停止されることに憤り、人工冬眠システムを止めたり、船外活動をしていた船員の宇宙服を破ることで、船員を全員死亡させてしまう。ボーマン船長は1人取り残され、HALの巨大な中央処理装置のチップを1つずつ取り外していく。HALが歌う「デイジー・ベル」の声が少しずつ小さく、かつ、遅くなっていく場面が印象的であった。

　映画のストーリーはさておき、HALはまさしく人工知能コンピュータといえる。しかも、1968年（わが国は、明治元年）に作られた映画の中で、33年後にはこのようなコンピュータが実用化されているという予想がなされたわけである。残念ながら、2001年はとうに過ぎ去っており、HALと同様な機能を

持ったコンピュータは実現されなかった。映画の方が数段先を行っていたことになるか？

なお、この映画の製作にはIBM社が協賛したことから、HALという名称はIBMの1文字前（Iの前がH、Bの前がA、Mの前がL）をつなげて命名したといわれた。しかし、原作者たちは、HALは、Heuristically programmed ALgorithmic computerであるとしている。つまり、ヒューリスティックなプログラムを実装したアルゴリズムベースのコンピュータであるという意味である。ヒューリスティックとは、あいまいさがある中で、ある程度正解に近い答えを得ることができる方法のことである。会話にも、思考にも、表情にも、感情にも、あいまいさがあるわけだが、それらを処理できることを象徴している言葉といえる。

思考ができて会話ができて感情すら持つというコンピュータこそ、人間が究極的に待ち望んでいるコンピュータなのかもしれない。しかし、そのためには、未解決な課題が多すぎるといえよう。

コンピュータによる会話一つをとってみても、自然言語処理の実用化に至っていない。コマンドベースでリアルタイムにコンピュータを制御することはできても、そこではあくまでもあらかじめ決められたコマンドしか用いることができない。人間同士の会話のように、あいまいさを含む表現にも対応できない。今のコンピュータでは、プログラミングできるものでしか動作を実現することができないわけである。

一方、我々人間は、数多くある雑音の中でも、特定の音を聞き分けることができる。騒然とした雑踏の中でも、お互いに会話することができる。会話の途中で、くしゃみやあくびをしたとしても、それらの音は除外して会話を続けることができる。あるいは、交差点で多くの人が行き交う中で、知り合いの顔を見つけ出すことができる。個々人の顔の大きさや形状あるいは部位の位置などを的確に記憶しているわけではないのに、顔のイメージで見分けることができる。

　つまり、人間のインタフェース（視覚、聴覚、嗅覚、味覚、触覚）をつかさどる機能は、非常に高度なレベルに達しており、これをコンピュータに代替させることは今の技術でも実現できないということになろう。さらには、人間が日常行っている思考や感情といった行為をコンピュータに実装することは、もっと難しい。以上のことから、人類がHALと同レベルのコンピュータを得るまでには、まだまだ時間がかかりそうである。

人工知能

　人工知能（Artificial Intelligence：AI）は、読んで字のごとく、人工的に知能を作り上げようという試みであり、そのターゲットがコンピュータになる。もともとこの言葉は、1956年にダートマス会議（人工知能分野を確立するために設定された会議）において、ジョン・マッカーシ（John McCathy）やマービン・ミンスキー（Marvin MInsky）らによって提唱さ

れた言葉でもある。

　人工知能の分野では、推論機能、ファジィ制御、遺伝的アルゴリズム、エキスパートシステム、自然言語処理、ニューラルネットワーク、知識工学などの用語が扱われている。

　推論機能は、既知の事実をもとにして、別の事柄について関連付けながら知ろうとする仕組みのことである。これは、論理型プログラミング言語である Prolog に取り入れられている。

　ファジィ制御とは、あいまいさを含んだ論理を制御できる仕組みである。通常、2値論理では真理値を0と1だけに限定するが、ファジイ論理では0から1までの範囲内の値に対して、確率を取り入れた多値論理を適用する。現在では、ファジイ制御は、多くの家電製品（炊飯器、洗濯機、食洗機、エアコンなど）に応用されている。

　遺伝的アルゴリズムは、特定の計算問題に限定されずに、汎用的に対応できるようにしたヒューリスティックなアルゴリズムのことである。遺伝的ということは、遺伝子が優秀な個体を、偶発的な組み換えあるいは突然変異によって選別するという手順を意味している。

　エキスパートシステムは1970年代から開発され始め、その中にはいくつか商用化されたシステムもあった。特定の専門分野に関する情報を登録することで、それらを推論機構に従って解析し、最適な解を導くというシステムである。このため、専門家から知識や経験則を聞き出すとともに、専門家がそれらを用いてどのように問題を解決するか、そのルールを記述する必

要がある。代表的なエキスパートシステムには、Dendral（有機化学の知識にもとづき、未知の有機化合物を特定するシステム）やMycin（血液疾患の診断にもとづき抗生物質を処方するシステム）などがある。

自然言語処理は、人間が日常使っている自然言語をコンピュータに処理させることである。コンピュータの世界では、人工言語であるプログラミング言語が用いられている。自然言語と人工言語の違いは、曖昧さを容認できるか否かである。自然言語では、慣用句や流行語などが含まれるだけでなく、方言といったものまで含まれる。また、自然言語の文法は厳密ではない。

これに対して、人工言語は、その文法が厳密に規定されていることから、曖昧さは一切排除されている。自然言語処理が完全に実用化できれば、HALのようにコンピュータと自由に会話できることになる。ただ、現在のところ、実用化の範囲は一部の専門分野に限定されており、まだまだ開発途上にある。

ニューラルネットワークは、人間の脳における働きをコンピュータを使ったシミュレーションによって表現するための数学モデルである。脳内では、複数の神経細胞がネットワーク状に張り巡らされており、そこに何らかの刺激によって生じた信号が行き交うことで人間の動作が制御されている。この動作モデルをコンピュータに実装しようとする試みである。

知識工学は、ファイゲンバウム（Edward Albert Feigenbaum）によって提唱された工学分野である。人間が持つ幅広

い知識をコンピュータに取り入れた上で、工学的なアプローチにもとづいて、より高度な処理を行わせようとする試みである。

プログラミング言語では、LispやPrologが人工知能分野においてよく使われた。Lispでは、カウンセリングプログラムを実装したシステムELIZAが有名である。これは、セラピストの動作を模倣したコンピュータが、患者とオウム返しのように会話するというたわいのないものであったが、エキスパートシステムの走りともなった。

Prologは、わが国の国家プロジェクトであった第5世代コンピュータ（1982〜1992年に実施）において使用されたという経緯がある。具体的には、個人用逐次推論マシンPSIの機械語は、ユニフィケーションやバックトラックなどといったPrologの基本機能を備えていた。このため、PSIは、Prologマシンともいえた。また、PSIに搭載するオペレーティングシステムSIMPOSを、ESPで記述した。ESP（Extended Self-contained Prolog）は、Prologにオブジェクト指向プログラミングを取り入れた言語であった。

コンピュータチェス

チェスは、西洋将棋とも呼ばれ、その起源は古代インドで流行したゲームであるという説もある。通常、チェスは人間同士の対戦ゲームであるが、これをコンピュータ同士あるいは人間対コンピュータで戦わせるという試みが昔から行われてきた。

写真5・1　ディープ・ブルー
出典：フリー百科事典『ウィキペディア（Wikipedia）』

　人間対コンピュータのチェス戦では、ディープ・ブルー（写真5・1）というコンピュータが有名である。

　1996年に、当時世界チャンピオンであったカスパロフ（Garry Kimovich Kasparov）とIBM社が開発したチェス専用のスーパコンピュータであるディープ・ブルーが、対戦した。結果は、6戦中、カスパロフが3勝1敗2引き分けであった。ディープ・ブルーは1勝ではあるが、初めて人間に勝利したわけである。

　1997年の対戦では、ディープ・ブルーが2勝1敗3引き分

けとなり、カスパロフを相手に勝利をおさめた。ただし、このときは、ディープ・ブルーに搭載していたプログラムを、対戦中に改変してもよいという公式ルールがあった。このため、カスパロフの打ち方の癖を読み、それに合わせてプログラムを組み直したことで、優位に立ったともいわれている。

これ以降も、人間対コンピュータのチェス戦は続くが、いずれも引き分けとなっていた。これに合わせて、チェス用のソフトウェアであるディープ・フリッツ（Deep Fritz）が開発された。特徴的なことは、パソコンの性能が飛躍的に向上してきたことにより、ディープ・ブルーでなくても、汎用パソコンと専用ソフトで代替できるようになったことである。

2005年頃からは、人間がコンピュータに勝利することが次第に難しくなってきた。2006年に、ディープ・フリッツは2勝4引き分けで人間に圧勝する。この頃になると、ハードウェアの性能よりもソフトウェアの改良が効果を及ぼすようになった。スーパーコンピュータほどの演算能力がなくても、効率よく動作するプログラムを開発することで、十分人間に太刀打ちできるまでになったのである。

コンピュータチェスのプログラムは、次のような手順で動く。序盤では、定跡を集めたデータベースを参照することで該当するパターンを見つけ出す。その際に、いくつかの指し手があれば、最良のものを選び出す。指し手が進み中盤になると、定跡からはずれてくる。そこで、評価関数（ゲームのある場面を静的に評価して数値化するための関数）を使って、最良の指

し手を探索する。このときに、できるだけ効率よく、かつ、無駄のない探索ができるようにプログラミングする必要がある。終盤になると、チェスの特徴として手配が決まってくるので、そのルールに従って指し手を選びながら投了する。

　以上のように、現在、チェスの対戦においては、人間よりもコンピュータの方が強いといえる。しかし、だからといって、人間の思考がコンピュータより劣っているわけではない。それは、チェスのプログラムそのものも、人間が作っているからである。

　たまたま指し手をコンピュータが指示しているように見えるが、その指し手を選ぶ手順については、コンピュータが自律的に思考しているのではなく、人間があらかじめ考案してコンピュータにプログラムとして与えているわけである。ただ、指し手を選ぶ際に、コンピュータを用いると短時間に膨大な計算を処理できることから、人間が思いつかない指し手を見つけ出すことがあるかもしれないのである。

　人間とコンピュータの思考力を、チェスのようなゲームによって比較すること自体意味のないことであるが、人間の思考の仕組みを解明するきっかけになったことも確かである。人間の思考は複雑でまだ解明できない部分も多いが、ゲームという比較的単純な手順の繰り返しの中で、特定の思考パターンを見いだすことができるかもしれない。

　なお、コンピュータチェス以外にも、コンピュータ将棋あるいはコンピュータ囲碁も開発されている。コンピュータ将棋に

ついては、今のところ人間の方が優勢であるが、近々逆転されるのではないかと予測されている。

研究段階のコンピュータ

現在までは、電子式のコンピュータが主流であるが、電子以外を用いたコンピュータも研究されている。いずれも非ノイマン型コンピュータに位置づけられる。

光コンピュータは、電子ではなく、可視光線や他の光線の光子（光の粒のこと）を用いて実装する。電子コンピュータの基本的な構成要素はトランジスタであるが、光コンピュータでは光トランジスタが必要になる。これを用いて、光論理ゲートを作り上げ、光のビームを制御する。

量子コンピュータは、量子ビットを量子情報の最小単位とし、n量子ビットで2^nの状態を同時に計算することで、超並列性を実現できる。量子ビットとは、従来のビットのように0と1だけに限定するのではなく、0と1の状態を量子力学の基本的法則である重ね合わせによる状態ベクトルで表す。現時点では、実験的にハードウェアの実装が進められているが、量子コンピュータ専用のプログラミング言語や量子コンピュータのアルゴリズムを実行するためのシミュレータなどはすでに開発されている。

バイオコンピュータは、狭義にはDNA（DeoxyriboNucleic Acid）コンピュータ、広義にはニューロコンピュータを指している。前者は、デオキシリボ核酸の4つの塩基（アデニン・

チミン・グアニン・シトシン）を演算素子に用いて計算を行うコンピュータを意味している。後者は、人間の脳のように、神経細胞を網目状に張り巡らせて情報処理をつかさどるという動作原理を、ニューラルネットワーク制御によって実装したコンピュータを意味している。

これらの研究段階のコンピュータがいずれ実現されれば、現在のスーパーコンピュータを使っても解くことができないような複雑で膨大な計算を、短時間で解いてしまう可能性がある。これによって、現在のノイマン型コンピュータでは解決できないような問題が解けてしまうことで、コンピュータ科学の学問体系も変貌するかもしれない。

光と影

いままで述べてきたコンピュータの姿は、ある意味で光の部分である。つまり、コンピュータの持つ正確さ・処理の速さ・汎用性といった特性によって、コンピュータは人間にとって身近で便利な道具（正確には、電子文房具）になった。また、ネットワーク技術を加えたICTの恩恵を受けることによって、我々は高度情報社会において利便性のある快適な生活を営むことができるようになった。とくに、インターネットの普及は、社会的に大きな変革を生み出した。

社会活動においては、メディアの使用形態を根本から変容させた。それは、マスメディアからパーソナルメディアへの転換であり、個人による情報の収集（閲覧ソフトの利用）と発信

(Webサイトの公開やSNSへの参加)が、パソコンやPDA、携帯電話によって簡単にできるようになったことである。また、それまでは大手企業だけが占有していた流通ビジネスに対して、個人ベースの直販ビジネスや宅配ビジネスが進出できるきっかけを与えた。ウィキペディア(Wikipedia)は、個人の情報提供を前提とした知識の共有化を実現した百科事典となった。これらのことは、ネットワークが、個人の英知を引き出す原動力となったことを意味している。

個人生活においては、時間と距離の制約から解放され、いつでもどこでもさまざまなサービスを受けることができるようになった。たとえば、自宅に居ながら、宿泊先や交通あるいは各種チケットの予約ができたり、通販で品物を購入できたり、金融や証券の手続きができるようになった。

このように、ICTは、我々人間にとって、バラ色の生活を保障してくれる文明の力になり得るといえるだろう。しかし、一方では、バラ色とは言い難い側面もあることに気づかなければならない。つまり、コンピュータの影の部分である。

コンピュータの影を表す用語には、システム障害、コンピュータウィルス(ワーム、トロイの木馬、コンセプトウィルス、ロジックボムなど)、マルウェア(Malware)、不正アクセス、DoS(Denial of Service)攻撃、DDoS(Distributed DoS)攻撃、情報漏えい、なりすまし、匿名性、コンピュータ犯罪、サイバー犯罪、クラッキング、クラッカー、著作権侵害、知的所有権(財産権)侵害、独占禁止法、ディジタルディ

バイド（digital divide）、2000年問題など数多くあげられる。

　この中で、クラッカーという言葉があるが、マスコミなどがハッカーと混同して使っている場合がある。ハッカーは、本来、コンピュータ技術に長けた（善良な）人々の総称であり、高度な情報処理技術者たちのことである。これに対してクラッカーは、悪意を持ったハッキング（このことを、クラッキングと呼ぶ）を行う人々の総称である。ただ、おもしろいことに、プロのクラッカーが存在することである。彼らは、ネットワークプロバイダー企業に正規に雇われ、意図的にクラッキングすることでネットワークシステムの脆弱性を見いだす仕事や、ネットワークを常時監視しながら、クラッキング行為を見つけ出す仕事を任される。

　コンピュータウィルスについては、新種のウィルスが発見されるごとにワクチンソフトが作られる。まさに、イタチゴッコの様相を呈しているといえる。このような事態が繰り返されるのは、自分の技術を誇張したいという欲望を持つ技術者がいて、しかも、愉快犯的な意識を持っているからなのかもしれない。しかし、これによって、社会が混乱する事態を招くこともあり、法的に抵触すると犯罪になる。このため、適切な情報倫理教育を、早い時期から実施することが有効な手段といえよう。

　ディジタルディバイドは、情報格差と呼ばれ、ICTを使いこなせる人と使いこなせない人（情報弱者）の間に生じる格差のことである。この格差を埋めるためには、情報教育の徹底

が必要となってくる。そのためには、小学校から大学、さらには、生涯に及ぶ一貫した情報教育の実施が望まれる。

　これだけでなく、インフラとしての通信格差も含まれる。具体的には、ナローバンド（低帯域幅）ネットワーク対ブロードバンド（広帯域幅）ネットワーク、さらには、ブロードバントネットワーク対ユビキタスネットワークといった格差があげられる。ただし、インフラの整備拡充は進んでおり、いずれ解消できると思われる。

　2000年問題とは、西暦2000年において生じる可能性があるレガシーなプログラムの誤動作の総称であり、Y2K（Yはyear、Kはkilo）問題とも呼ばれた。事務処理計算では、年号を使うことが多く、COBOLで組まれたプログラムがおもに対象となった。

　これは、2000年以前に作成されたプログラムの中で、西暦を4桁中の下2桁で処理していると、2000では00となってしまう。これによって、条件には設定されていない00の処理が生じてしまい、これがシステムの誤動作を招くことになる。

　なぜこのようなプログラムが作られたかというと、当時はコンピュータ資源（おもにメモリ）の節約が要求されていたことから、できるだけ桁数を減らす必要があったことによる。当時のCOBOLプログラマたちの間で流行ったプログラミングテクニックでもあった。

未来に向けて

　以上、いろいろな観点から述べてきたコンピュータは、今後どうなるのだろうか？　自律的に動作できるようになるのだろうか？　人間と同等に会話できるようになるのだろうか？　人間のように、思考や感情を得ることができるのだろうか？　いずれも現段階では、疑問符がつくといわざるを得ないだろう。

　現在まで、あらゆる学問分野で探究しているテーマは、人間そのものの解明なのかもしれない。

　人間は、自分自身がわかっていないのではないだろうか。どのように生命が誕生したのか、なぜ人間は生きるのか、なぜ人間は病気になるのか、なぜ人間は死ぬのか、死んだらその先どうなるのか…何もわかっていない。

　それらを、哲学、宗教学、倫理学、心理学、社会学、生物学、数学、物理学、化学、医学、薬学、生命工学、電気工学、電子工学、情報工学といった各学問分野から解明しようと試みているのではないだろうか。

　コンピュータの世界では、人間の頭脳を模倣することで、最終的には人造人間（アンドロイド）の頭脳を作り上げることを目指しているともいえる。そのためには、人間の思考・感情・感性などが、どのような機構や仕組みによって実現されているのかを明らかにする必要がある。

　最近のニュースで、本田技研が開発しているアシモが改良されたことを報じていた。アシモには、視覚認識、音声認識と発音、空間センサー、二足歩行などの機能が備わっている。これ

らは、いずれも人間の動きを模倣したものであるが、各機能の性能はまだまだ人間のレベルに達していない。その最も大きな要因は、ロボットの全体を制御する人工頭脳の働きが不十分なことがあげられる。このことは、人間の頭脳の仕組みをいまだ解明しきれていないことを意味しているのではないだろうか。

　コンピュータが誕生してまだ六十数年しかたっていないが、当初の想像をはるかに超えた技術革新が生まれて今日に至っている。したがって、これから六十数年後にコンピュータがどうなっているかは想像がつかないのも事実である。ただ、空想の中では、その姿を語れるのかもしれない。「2070年宇宙の旅」なる映画におけるコンピュータは、どのような姿になっているのだろうか？

参考文献

著書については、次の通りである。
- 星野力著『誰がどうやってコンピュータを創ったのか?』共立出版、1995 年
- 西野哲朗著『中国人郵便配達問題＝コンピュータサイエンス最大の難関』講談社選書メチエ、1999 年
- 情報処理学会歴史特別委員会編『日本のコンピュータ史』オーム社、2010 年
- 長谷川裕行著『ソフトウェアの 20 世紀』翔泳社、2000 年
- 相田洋・荒井岳夫著『新・電子立国 第 1 巻 ソフトウェア帝国の誕生』NHK 出版、1996 年
- 相田洋・荒井岳夫著『新・電子立国 第 3 巻 世界を変えた実用ソフト』NHK 出版、1996 年
- 相田洋・荒井岳夫著『新・電子立国 第 6 巻 コンピュータ地球網』NHK 出版、1997 年
- 廣瀬健、他編『コンピュータソフトウェア事典』丸善、1990 年
- 総務省ホームページ『u-Japan 政策』
  http://www.soumu.go.jp/menu_seisaku/ict/u-japan/index.html
- 川俣晶著『パソコンにおける日本語処理文字コードハンドブック』技術評論社、1999 年
- ケン・ルンデ著、春遍雀來・鈴木武生訳『日本語情報処理』ソフトバンク社、1995 年
- 日経 BP ソフトプレス編『体系的に学び直すパソコンのしくみ』日経 BP ソフトプレス、2003 年
- 坂村健著『痛快！コンピュータ学』集英社インターナショナル、1999 年
- 河村一樹著『コンピュータ科学入門』実教出版、1997 年
- 河村一樹・斐品正照著『文科系のためのプログラミング論』日刊工業新聞社、2000 年
- 河村一樹、和田勉、他著『情報とコンピュータ』オーム社、2011 年

写真については、ウィキペディアの著作権フリーのものと、情報処理学会コンピュータ博物館に掲載されているものを許諾を得て使用した。

■著者略歴

河村　一樹　（かわむら・かずき）

1955年、東京都生まれ。
立教大学理学部卒業、日本大学大学院理工学研究科博士前期課程修了。博士（工学）。
県立宮城大学を経て、現在、東京国際大学商学部情報ビジネス学科教授。情報教育工学の研究・教育に従事。
主な著書
『コンピュータ基礎論』（ソフトバンク社、1995年）、『標準コンピュータ教科書』（共著、オーム社、1997年）、『コンピュータ科学入門』（実教出版、1997年）、『文科系のためのプログラミング論』（共著、日刊工業新聞社、2000年）、『図解雑学コンピュータ科学の基礎』（ナツメ社、2002年）、『情報処理基礎論』（近代科学社、2006年）、『コンピュータ科学基礎』（ITEC社、2007年）、『情報科学の応用知識』（共著、ITEC社、2008年）、『情報とコンピュータ』（共著、オーム社、2011年）など多数。

情報・通信入門

2012年4月20日　初版第1刷発行

■著　　者────河村一樹
■発 行 者────佐藤　守
■発 行 所────株式会社 **大学教育出版**
　　　　　　　　〒700-0953　岡山市南区西市855-4
　　　　　　　　電話（086）244-1268　FAX（086）246-0294
■印刷製本────サンコー印刷㈱

© Kazuki Kawamura 2012, Printed in Japan
検印省略　　落丁・乱丁本はお取り替えいたします。
本書のコピー・スキャン・デジタル化等の無断複製は著作権法上での例外を除き禁じられています。本書を代行業者等の第三者に依頼してスキャンやデジタル化することは、たとえ個人や家庭内での利用でも著作権法違反です。
ISBN978-4-86429-144-6